进化

EVOLUTION

我们在互联网上奋斗的故事

北大首届互联网 CIO-CTO 班全体同学 著

人 民 邮 电 出 版 社
北 京

图书在版编目（CIP）数据

进化 : 我们在互联网上奋斗的故事 / 北大首届互联网CIO-CTO班全体同学著. -- 北京 : 人民邮电出版社, 2014.10
ISBN 978-7-115-36917-8

Ⅰ. ①进… Ⅱ. ①北… Ⅲ. ①计算机技术－文集 Ⅳ. ①TP3-53

中国版本图书馆CIP数据核字(2014)第218048号

内 容 提 要

互联网是一个年轻的行业，也是一个推陈出新、不断进化的行业。

本书是北大首届互联网 CIO-CTO 班全体同学的 33 篇文章的精华合集。这个班堪称中国互联网行业的"黄埔军校"，其中的学员都是互联网技术和管理的精英，在互联网圈摸爬滚打过多年，当前是各家知名的互联网公司的中坚力量。

本书详细记录了各位作者迈入互联网行业的心路历程，同时也是互联网产业在中国发展的时代缩影。全书包含 33 篇精心策划的文章，分为职场团队、产品技术、行业创业三个部分，从不同的层次和视角，记录了互联网从业者的职业生涯中可能经历的各个阶段和面临的各种问题。作者的经历和经验、教训和感悟，对后来者极具启发性和实用性，也会对产业的发展和进化产生积极的促进作用。

本书适合有志于投身互联网行业的人士、高等院校相关专业的学生阅读，对于互联网行业职场人士也有一定的参考借鉴价值。

◆ 著　　　北大首届互联网 CIO-CTO 班全体同学
责任编辑　陈冀康
责任印制　彭志环　杨林杰

◆ 人民邮电出版社出版发行　　北京市丰台区成寿寺路 11 号
邮编　100164　　电子邮件　315@ptpress.com.cn
网址　http://www.ptpress.com.cn
固安县铭成印刷有限公司印刷

◆ 开本：720×960　1/16
印张：17　　　　　　2014 年 10 月第 1 版
字数：231 千字　　　2024 年 7 月河北第 3 次印刷

定价：39.00 元

读者服务热线：(010) 81055410　印装质量热线：(010) 81055316
反盗版热线：(010) 81055315

作者名单

李　峰　搜狐集团内部 IT 主管，北大首届互联网 CIO-CTO 班班长

费有文　视讯中国副总经理兼 CTO，北大首届互联网 CIO-CTO 班副班长

邱仔松　1 号店商城开发总监，北大首届互联网 CIO-CTO 班副班长

孙　晖　京东商城高级总监，职场团队篇组长

郭　鹏　UCloud 北分公司总经理，职场团队篇副组长

赵建春　腾讯网运维总监，职场团队篇副组长

陈　真　乐视网运维总监

朱　桦　金山云研发总监

张晓龙　新浪网邮箱产品总监

孙　斌　去哪儿网运维总监

苗　壮　东方嘉禾产品技术总监

钱武星　2345.com 技术总监

王会东　风行网技术总监

秦松疆　正保远程教育 CTO

肖　鹏　半岛同城传媒 CEO

赵　翔　完美世界系统中心总经理，产品技术篇组长

周　盛　优酷土豆集团副总裁，产品技术篇副组长

唐会军　360 系统部总监，产品技术篇副组长

彭海平　大众点评网运维总监

高晓磊　凡客诚品助理总裁

徐建红　恺英网络运维总监

邱英波　搜狐集团技术总监

刘献朋　凤凰新媒体副总监

张子坚　百度公司高级架构师

鲁四海　北大信息化与信息管理研究中心技术顾问

武　威　蓝色光标 CIO，行业创业篇组长

单泽兵　赶集网技术总监，行业创业篇副组长

赵　磊　奇客创想总裁助理兼技术总监，行业创业篇副组长

叶红兵　北明软件咨询师

吕李俊　巨人网络运维中心副总监

林　玉　新华社经济参考报新媒体营销总监

张维作　百合网高级副总裁

焦　可　贷小秘创始人兼 CEO，友情客串

推荐序一

20年前，没什么人知道互联网。20年后的今天，几乎任何事物都可以和互联网相关，网络的力量凸显而出。在数学领域里，网络只不过是一个图；在计算机领域里，网络是个平台，是节点与连线构成的平台。这个平台里有机器、有软件、有实现路径，最重要的是有实现这一切的人。我们就是这样一群人，身在其中，经历着互联网行业的兴起与荣耀，见证了互联网企业的成败与点滴。

互联网创造了太多奇迹。在“互联网思维”正受到前所未有的关注与讨论的时代，这本书起源于一个圈子和圈子里的一群人偶然的想法，率先在行业里聚集了一群人的经历与智慧。他们是我们身边的朋友，他们是各大互联网企业的技术精英甚至高层决策者，他们是技术从业者眼中的“技术大牛”和奋斗目标，更是能够撼动企业甚至行业的影响者。这不是普通的一本书，更像是一部互联网奋斗史。无论你是创业者、综合管理者还是技术人员，都能从中找到你的现在和未来，这本书给你讲述的是最真实的故事。

33个作者，每个人把自己工作过程中的理性思维转化成感性思维，用讲故事的方式呈现给大家，揭示自己在企业和互联网行业一路走来的真实经历，这种分享本身就是互联网存在最大的意义。作为最幸运的第一批读者，虽然我自己也是互联网的一员，很多情境感同身受，但是依然感动于每个作者的故事。从他们的故事中，我学到了以下三点，和即将慧眼选择此书的朋友们分享：

1. 真实是最好的教材。任何教科书都不会教你如何在一家互联网企业更快地融入你的职场角色，只有在这本书里，你可以找到互联网企业每一个岗位的模板，看到成功人士的昨天，再走出带有你自己特色的路。

2. 经历是最可信的历史。任何行业都会有其发展的规律，互联网行业也不例外，这种规律离不开我们从业人员的伟大牺牲和奉献。所谓历史，只不过是有些人先走了半步，这半步有血有泪也有欢乐，有朝一日享受回忆，自己也曾经是一个行业历史的一部分。

3. 热爱是最持久的动力。2014 年，互联网行业进入中国整整 20 年，我们从中国制造到中国创造，技术实现了互联网的无限可能，热爱实现了技术的发展，向所有奋斗在这个行业里的同仁们致以崇高的敬意。

作者们撰写此书的初衷是希望能够找到一个懂行业、懂分享的合作平台。承蒙众位厚爱，GITC 幸运地担当起本书的首发机构。2014 年 GITC 全球互联网技术大会上，5000 本书将全部无偿推介给所有的参会技术从业者，希望一帮行业老兵的经历与感悟，能够为蒸蒸日上的互联网行业的从业者做一些力所能及的事情。分享，从未远离；榜样，从来都在你身边。互联网产业方兴未艾，GITC 寄愿当互联网行业发展的伴随者，做互联网行业精英的好朋友，关注行业动态，挖掘行业属性，打造行业舞台。让我们一起创造、书写属于中国人自己的互联网历史！

麒麟会 CEO　王铮铮

推荐序二

在 2013 年 12 月的首届 GITC 全球互联网技术大会开幕致辞的时候，我对当时在场的每一位观众说，我的梦想是做一个“搭建平台的人”，让更多互联网技术人才从中受益。在那次致辞中，我还提到了我的教育梦——构建一个互联网技术人才教育培养的平台。于是，在会后有人帮我引荐了北大 CIO 办公室的姚乐主任，我跟姚老师可谓是一拍即合，决定一起组织首届北大互联网 CIO/CTO 班。因为有共同的目标和方向，双方的合作效率非常高。2014 年 4 月份，这个班就开课了，学员们都是来自互联网企业的技术核心和骨干，都有多年的互联网行业从业经验。iTech Club 和北大方面都发挥自身优势、倾注全部心力去组织师资力量。尽管课程还没有结束，但我们从前期授课的反馈来看，我们确实做了一件非常有意义的事情。我们在推动互联网技术行业的发展和进化。

开班晚宴上，我对公选出来的班委们说，首届互联网 CTO 班的学员除了自己要珍惜好学习机会，还要思考一下：作为“黄埔一期”的同学们，应该留下些有价值有意义的东西。于是，有了《进化》这本书的策划源起。短短半年时间，《进化》就要面市了，我们选择了在第二届 GITC 全球互联网技术大会上首发，本届大会的主题是“技术进化论”，书名和大会主题绝不是简单的巧合。

互联网思想，从互联网中来，到互联网中去；它应该源自于互联网业的那些人和事，而又能够指导互联网企业和个人的成功实践。如果你打算投身互联网行业，或者已经身在互联网江湖，《进化》是一本值得一读的书。

今年是互联网在中国发展20周年的特殊年份，作为一名接触中国互联网接近20年、在中国互联网技术行业从业14年的技术老兵，作为iTech Club、GITC、北大互联网CIO/CTO班的发起人，我想借《进化》这本书向互联网20周年献礼。

我觉得，正是互联网技术的进化推动了中国互联网产业的蓬勃发展，未来我个人将继续致力于打造互联网技术交流和分享平台和培养互联网技术人才，希望我的事业能够成为互联网技术进化的催化剂。

iTech Club创始人　吴华鹏

前言

2014 年 4 月 18 日，北大首届互联网 CIO-CTO 班在美丽的未名湖畔正式开班，来自国内各大互联网公司的技术精英们在这里汇聚一堂，开始进行为期一年的研究生课程学习。这个项目由北京大学与 iTech Club 互联网技术精英俱乐部共同发起，设置了战略与管理、技术与架构、建设与运营三大模块，采用 MBA 案例教学方式，集合北京大学和业界的顶级专家教授资源，共同为中国互联网企业培养最为优秀的 CIO-CTO 人才。

这里是互联网行业的“黄埔军校”，这个班是“黄埔一期”！

荣耀与责任

写书的念头是在第一阶段上课中萌发的，和几个同学简单碰了下，觉得可行。兄弟们都在互联网圈摸爬滚打过多年，都是各家公司的中坚力量，如果用心写一些东西，不管是对技术的理解，还是对成长的回顾，对于后来者都是极具参考价值的。

“我们都是‘黄埔一期’的一员，我们应该有一份责任，这一年结束前，应该留下些什么给我们这个圈子。”我在第一次班会上如是说，“很多同学在公司负责的技术领域不仅在国内首屈一指，在全球范围内也是领先的。换个角度说，我们这批人的成长经历是中国互联网行业发展的一个真实写照。”

和出版社的编辑沟通后，这本书的价值就更加凸显了。互联网行业的相关出版物大部分是一个人写的，少数是一家公司里面一个团队写的。同时聚集行业里这么多家公司的技术大拿，共同编写一本出版物，历史上没有过，这是第一次！

全书定位

本书的定位很清晰：对于打算进入或者准备继续在中国互联网圈进行职业发展的所有人，这是一本必读读物。

为什么这么说？

假如你是一名应届大学生，去新浪面试前，可以翻一翻张晓龙写的新浪成长体系；想去京东，先看看孙晖介绍的京东 OKRs，百利而无一害啊！这都是第一手资料，你未来面试官的上司写的东西，你要不要读一读？

已经在互联网圈子里的同学在整本书的阅读过程中，一定可以找到很多共鸣和启发。我们这群技术出身的兄弟，没有写一本晦涩的技术专著，而写了这本有些励志风格的“故事集”，目的就是让大家都能顺畅地一口气读下去。实话说，写故事比写纯技术难多了。

创业是互联网圈永恒的热点，本书中包含了若干创业的片段。我们还特别邀请好友焦可写了一整篇创业的感悟，作为本书的番外章节。希望对准备或者已经在互联网行业创业的朋友有一些帮助。

艰辛的过程

写作过程充满了艰辛，每个人的本职工作压力都非常大，是真忙啊。有兄弟每天加班到零点以后，有的人连续一个多月没休过周末，有人每次打电话都在机场或去机场的路上。

想到某位天使投资人曾说过：想在互联网行业的技术圈混，不是先看你技术有多牛，而是先看你身体好不好！

那段时间很苦，但是为了共同的梦想，大家都想各种方法克服困难。中间出了很多励志的小段子：有为了写稿请假两天闭关的，有回家一边给孩子喂奶一边思考的，有太过专注写稿子忘记关火把中药煎糊了的……

这一切，都是为了让本书早日与读者见面！

最终，我们做到了！

极致定价和稿酬捐赠

我们首先统一的观点是：我们希望帮助到更多对互联网有梦想的人！

根据这两个原则，本书定价自然是越低越好。调研市场上同等篇幅的图书，定价一般在45—49元。我们和出版社一起做了很多的努力，这本书最终定价为39元。

一本书大概三块多钱的稿酬，乘以发行量就是我们能从出版社拿到的收入。也是为了帮助更多的人，这笔钱我们打算全部捐出去，帮助贫困大学生交学费。捐赠进度会及时的发布在我的微信公众号（二维码在后记中）里。如果您身边有需要帮助的朋友或者好的想法，也欢迎随时通过微信联系我。

在力所能及的情况下，请您将本书尽量推荐给身边更多的朋友，我们一起来把这份善举进行到底。

致谢

首先要感谢的是iTech Club的理事长吴华鹏先生，华鹏理事长是互联网“黄埔军校”的亲手缔造者，没有他，我们这群兄弟不会凝聚在一起，更不会诞生这本书。还要感谢麒麟会的CEO王铮铮先生，让本书有此殊荣，在第二届全球互联网技术大会首发与世人见面。

感谢北大信息管理系党委书记王继民、北大CIO班教务办公室主任姚乐，感谢北大的各位领导和老师，为我们创造了这次难能可贵的学习机会。

感谢人民邮电出版社信息技术分社的刘涛社长和陈冀康编辑，有两位老师不断的鼓励和支持，才得以让我们坚持下来，最终有此书的完成。

感谢iTech Club所有给予我们帮助的前辈和老师们：iTech Club秘书长邹国江、云易时代CTO韦红军、百度大数据部高级总监朱永忠、百度系统部副总监张诚、360公司VP/CPO谭晓生、乐视网联席CTO袁斌、UCloud创始人兼CEO季昕华、1号店CTO韩军、新浪研发中心总经理符庆明、唱吧CEO陈华、京东集团副总裁李大学、阿里巴巴集团技术副总裁、阿里巴巴合伙人之一刘振飞，阿里巴巴云业务保障总监刘少杰（九峰）、浙江省互联网企业信息化促进会会长、英特尔公司大数据顾问谭磊。特别感谢我的领导，搜狐公司高级副总裁周霖先生，周老大的知遇之恩当衔环以报。

感谢我身边所有为本书推广付出辛勤汗水的同事和朋友们，特别要提到的是：搜狐文化中心的魏萍、朱利安、樊雅和，搜狐焦点网的刘东岩、邹光远，新浪微公益的张茹玮，蓝色光标的周艳、李雪颖、王建成、王明臬，半岛同城的马丽丽、李昆、杨佳，盛古传媒的孙伟超，IT168的石松。

感谢全班为这本书呕心沥血的兄弟们，更要感谢的，是所有在背后默默支持我们的家人们。

感谢这个时代，这是属于年轻人的时代，这是互联网的时代。

李　峰

2014年9月于北京搜狐媒体大厦

目录

职场团队篇

从靠谱工程师向管理者的转变　@陈真……3
一路走来　@朱桦……7
选择　@郭鹏……13
从精兵到强将　@赵建春……27
电商大促盛宴背后的技术　@邱仔松……37
从平凡到优秀　@张晓龙……43
每个团队都是个小公司　@孙斌……51
互联网生涯的三种境界　@苗壮……57
职业素养中的品德细节　@钱武星……63
十年随想　@王会东……67
OKRs 在 J 公司　@孙晖……73
在前行中蜕变　@秦松疆……83
从实习生到运营总监　@肖鹏……91

产品技术篇

好产品经理的七个小窍门　@周盛……101

IT 是一种服务　@李峰……107
破局运维　@赵翔……115
运维随笔　@彭海平……123
大型开源分布式平台实践心得　@唐会军……127
凡客 IT 运维管理之路　@高晓磊……135
Social Game 系统架构实战　@徐建红……141
WBS 在互联网软件项目开发中的应用　@邱英波……147
Web 2.0 产品架构设计和演化　@刘献朋……153
从技术思维到产品思维的嬗变　@鲁四海……169
互联网企业数据中心基础设施建设指引　@张子坚……175

行业创业篇

疯狂的互联网　@叶红兵……185
一个互联网老兵的职业追求　@费有文……193
巨人十年　@吕李俊……205
前行从心出发　@赵磊……209
对传统行业和互联网的观察　@单泽兵……215
在高速飞行中更换引擎　@武威……227
在新一轮产业革命中熠熠生辉　@林玉……235
找对象绝对是一项技术活　@张维作……241

番 外 篇

创业路上的三重门　@焦可……251
后记……257

第一部分

▸▸▸ 职场团队篇

Evolution

进化

Evolution

从靠谱工程师向管理者的转变

对于一个初入职场的工程师，如果有“靠谱”这样的口碑，我觉得评价很高。这意味着对于上级他能够长期满足期望，对于他人能够尊重协作、信守承诺。做到这两点其实也不简单，需要良好的学习能力和沟通能力，也需要踏实尽责的做事态度。

正站在风口浪尖的互联网是一个变化非常快的行业，也越来越多地改变着我们的生活。正因如此，一个靠谱的人大多不会被长期固定在一个岗位或一种事情上，因为公司发展趋势迫切需要他承担更多。所以这样的人很容易临危受命或被委以重任，比如承担带领团队或者项目的责任。这个阶段是一个非常关键的转型期，有些过往熟悉的习惯和思路必须有意识地去改变，以下分享几点我的体会。

少干多说，解脱自己

靠谱的工程师也许要表现为少说多干，但转型为管理者就不能再这样了。

我经常看到的情形是“这事太轻车熟路了，等教完别人的时间我早干完了”，殊不知积少成多，如果小事都不培养和授权，那么很快就会出现瓶颈，于是也就慢慢没有了思考的时间。

所以一定要有意识地把自己从日常例行事务中解脱出来，腾出时间去做一些更有价值的事情，比如工作效率的提升、技术架构的研究、团队方向的思考、对外交际的改善等。

同时你的授权也是给团队成员的鼓励，有机会激发出更多的创新。

少做紧急的事，多做重要的事

四象限法则（轻、重、缓、急），这仍然是时间管理的基础。

从绝对数的层面也许无法很快减少紧急事件，紧急需求、紧急故障无法直接 Say No，但是可以把重要事情的比重调大，分解到每周计划，这样紧急事情的比重就低了。

曾经有段时间，我喜欢上了紧急事件的挑战，沉醉于“兵来将挡、各个击破”的成就感。这很容易让团队陷于被动，忽略了原本计划中最核心重要的事情，而这些事情往往是最有价值也是最应当坚持的。

但重要事情往往需要成块连续的时间去思考和协调，而管理者的时间很容易被各种貌似紧急的事情给挤成碎片了，我们或许可以从《卓有成效的管理者》[①]中找到答案。

提议两条能立马落地的，一是让你的 Outlook 由联机置为脱机，二是拎出几个日常事务落实到每周或每天的固定时段并公示出来。

① [美] 彼得 · 德鲁克 著. 卓有成效的管理者. 许是祥译. 北京：机械工业出版社，2009.

其实不用担心错过紧急事件，因为如果真正紧急，会有电话来催的。这样你容易有了连续整块的思考时间，然后空下来再处理那些往常的貌似“紧急”的邮件。

立规矩，盯执行

工程师喜欢追求个人技能的提升，对他而言，能埋头研究技术难点可能是一种很舒适的状态。但管理者需要跳出对单兵作战能力的依赖，应设法提高整个团队的知识沉淀和协作能力。

我发现，有些相似的故障由不同的工程师去面对时，他们的定位效率和解决效果都有差别，我认为这主要是之前没有进行好的总结和分享，所以错误犯过还会再犯，处理效率也低。

管理者尤其要设法预见和规避问题，而这也依赖大家共同遵守的规则。

落地执行我觉得可以先从确立模板开始，把关键要素都固化到 Wiki 中的需求模板、故障模板或文档模板，能很大程度地改善知识沉淀并规避问题。

我还给运维总结了一个三字经：看图表、数日志、录报告。经验表明绝大部分的故障都能从监控图表和日志统计中找到原因或线索，这就是我要求运维面对故障时要遵守的规则。

花时间聊天和表扬

有些技术工程师比较内敛，不大善于交际。

当我们肩负带团队的责任时，必须要有意识地拿出很多时间与团队内外进行

"伪交流"，比如打球、唱K、打牌、拼饭局等，这是增强信任和感情的必要方法。

在具体工作中，还要经常观察到一些亮点，适时地给予表扬。但时间及时和事由具体这两点是想要获得激励效果的基本要素。

掌握思维突破的技巧

我崇尚思路永远要比技术重要。逻辑清晰、做事条理这不仅是对管理者的要求，其实也是对工程师的要求。

最后我最想推荐的一本书是《领导者的优势——掌握思维突破点的5个技巧》[①]，它很早就影响到我的职业，甚至也帮助到我的生活。

简短描述一下五个思维技巧：形势分析、原因分析、决策、计划和创新。书中所举的案例很贴近我们的真实工作、生活，确实值得细读品味。

作者简介

陈真

十年运维经验，先后任职于腾讯、酷6和乐视。在腾讯负责过下载中心、QQLIVE、安全中心等业务运维；在酷6负责过网站运维及统计分析系统建设。目前任乐视网运维总监。崇尚用数据说话和逻辑思维，关注视频CDN、自动化运维、管理的效益。

① 盖伊·黑尔 著. 领导者的优势. 郭武文译. 北京：华夏出版社，2002.

一路走来

又到毕业季，一个恍惚间，当年的青葱少年已经俨然一幅中年大叔的形象。提笔回顾10年技术路，经历不少，然成就寥寥，不敢妄写妄评。唯一路走来，见证过一些人，参与过一些事，其间种种，虽五味杂陈，却冷暖自知。在这里写下一些心得与感悟，希望能对读者起到一些抛砖引玉的效果。

我的职业经历大致可以分为三个阶段：技术成长阶段、技术管理阶段、业务决策阶段。下面结合自己的一些经历，谈一谈每个阶段自己的思考。

技术成长：从菜鸟到专家

很长一段时间内，技术面试都是我日常工作的一部分，这里有个很有趣的现象跟大家分享一下：很多候选人的知识面和经验往往是不匹配的。

比如很多可能只工作了1～2年的候选人，对技术非常有热情，能够较好地解答一些较深入的知识点，但当我问到实际工作是否应用这些知识解决了什么问题的时候，往往无从谈起。这类候选人通常会提及日常的工作非常简单，完全没有难度，而自己对技术非常痴迷，喜欢利用业务时间学习各种新知识。通常我会将其定义为盲目的知识搬运工而不建议录用。原因很简单，这样的工程师很难成为技术专家，因为他们仅仅满足于看过一些书和文章而对其中的内容缺乏实际的认知。而好的工程师应该会为验证学习到的知识而设计不同的应用场景，从而加强认知、获取经验。

再比如很多人都很肯定地告诉我曾经通过调整 GC 参数解决了诸如应用 OOM、JVM 以及进程假死等问题，但当我要求详细展开下具体的问题细节、采用了何种 GC 算法以及做了哪些参数调整并解决了哪些问题时却往往无从谈起，大约当时只是随便 Google 一通，发扬了拿来主义的精神，轻松加愉快地完成了任务。这类候选人往往会提及工作太忙，有时候解决完问题后又有新的任务，没有时间仔细研究云云。这些候选人通常工程经验丰富，本身也足够聪明，能够很好地解决工作中的问题，甚至有些已经在自己的团队里担任了技术核心的角色，然而知识面却相对较窄，很多人甚至连一些常识性的知识都是缺乏的。通常我会将其定义为懒惰的代码搬运工而不建议录用。原因很简单，这样的工程师永远不会成为技术专家，因为他缺乏很强的求知欲，不能够结合自己的工作场景，来完善自己的知识架构。

任何一门工程技术要完成从菜鸟到专家的转变，都需要大量知识与经验的积累，工作环境提供经验的积累，个人的求知欲促使知识更加丰富，两者缺一不可。技术成长之路没有捷径，唯有严谨求学，于实战中历练才是正途。

技术管理：从专家到教练

记得曾经有一回刚刚接手一个新团队，当时的一项业务由于网络环境和硬件环境都存在严重的问题，整个业务的服务质量是完全不能够得到保证的。刚开始的时候我也一筹莫展，网络也好，硬件也好，以前完全没搞过啊。团队里的网络工程师和硬件工程师都纷纷表示当前的问题无解，除非启动大工程全部替换和改造才能彻底解决，而从成本上考虑，这在当时显然是不可接受的。

虽然不懂，但也不能看着自己负责的业务状况如此糟糕。经过对相关基础知识的学习后，我找到负责网络和硬件的工程师商讨可能的对策。一开始对方表现得较为反感，认为我在挑战他们的专业权威，但通过对问题的多次剖析后，我们逐渐发现当前给出的论点还是存在牵强之处的。虽说以我当时浅薄的知识无法给出合理的判断，但还是动员了团队针对可疑点做了模拟实验来证明其不可信。最终网络和硬件工程师接受了实验结果，推翻了原先的观点，继续开始重新排查。经过多轮的反复实验论证，网络和硬件工程师充分发挥了专业知识，逐渐定位了问题所在，最后我们成功解决了几个痼疾，业务的服务质量最终得到了保证。

多数工程师都有一个通病：喜欢被领导，但不喜欢被管理。技术管理的目的不是把自己变成技术专家，去干涉和强制工程师做你认为正确的事，而是让团队变得更好。

以上面这个案例来看，直到问题被解决时，我依然是一个网络和硬件领域的菜鸟。作为业务负责人，我的职责就是调用一切可以调动的力量来解决问题。把自己定位在教练角色上，而不是让自己成为一个网络硬件专家，应该在解决问题的过程中逐步培养出各方面的技术专家。

业务决策：从战术到战略

有一次我向领导汇报自己部门的发展与规划，由于团队之前做的功课非常细致，领导夸奖了几句但未置可否，我们还是着实兴奋了一段时间。然而不久之后领导公布整个公司及各部门的战略规划时，我们部门的目标和之前汇报的内容偏差还是比较大的，为此领导专门找我谈过一次，谈到了我的规划与公司战略目标之间产生偏差的原因，批评我缺乏大局观。

这件事对我本人的触动还是非常大的，我深刻意识到自己在大局观上的缺失，作为部门负责人，必须站在更好的角度审视自己的工作，为更高层面的目标做出自己团队的贡献。

如果说每个人的工作都是画好一个圆的话，那么一个公司的 CEO 负责画出整个公司最大的一个圆，各职能部门负责画好自己的小圆，如下图所示。

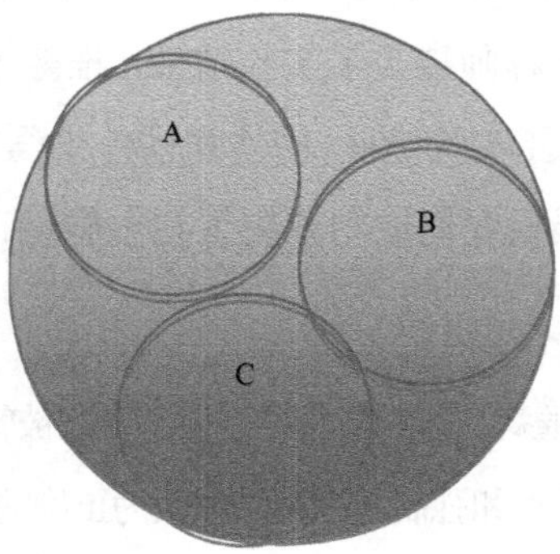

可以看到，无论 A、B、C 三个部门如何努力做好自己的事，把自己的圆画得再好，也无法支撑 CEO 的大圆，中间总是会留下大量的空隙。这样看起来 A、B、C 三个部门即便 100%完成自身目标也无法完成公司的整体目标吧。

当 A、B、C 三个部门都能够站在更高的角度考虑自身的职责，并同时可能够兼顾互相之间的合作时，每个部门只要做好 80%的工作就足以完成公司的整体战略目标了，如下图所示。作为业务决策者，最难的其实是跳出自己的 KPI 来看问题，正如近期互联网圈流传的名言：不要用战术上的勤奋来掩饰战略上的懒惰。

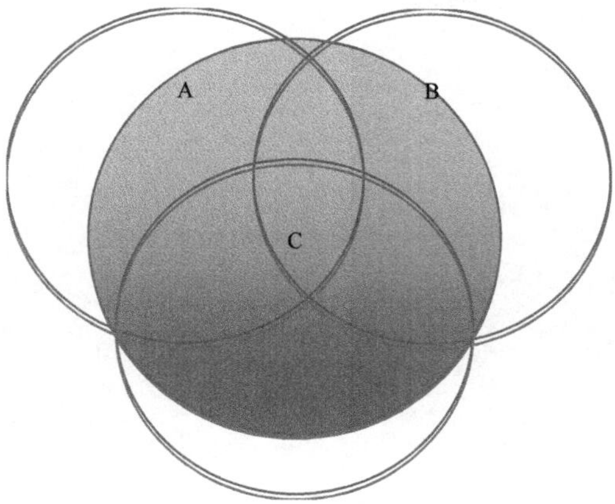

横看成岭侧成峰，同一种风景，尚有不同的体会；个人的一些观点，也许在大家看来不值一哂，也许有同道中人心有戚戚焉，无需去论对与错，只是借这个机会对自己十年技术与职业生涯的一个收拢。其实，每个人的风景都是唯一，不要盲目去效仿谁，更不要简单地仰望别人、羡慕别人，因为自己的风景才是最美的风景。

作者简介

朱桦

金山云合伙人、云存储平台总监，全面负责公司战略级业务——云存储，目前专注于分布式存储和大数据领域的研究。具有多年互联网研发及技术管理经验，先后在搜狐、金山云等一线互联网公司亲历了如超大型门户网站、社交网络、移动 APP、大数据、云存储等诸多挑战性技术产品的研发、推广及管理。

进化

Evolution

选择

回顾

→学生时代和计算机←

作为一个出生在1971年的北京孩子，我在1990年9月进入大学学习之前，从没有接触过真正的计算机。那时候最早的一些和计算机有关的知识就是小学时候（印象里是在1983—1984年）在北京官园少年儿童活动中心玩过一个“吃豆”的游戏，用操作杆控制着一个大嘴，一边吃掉迷宫里的的“豆子”，同时躲过“坏蛋”的围追堵截。1984—1990年是我的中学时代，那时的北京中学生是比较流行去看武侠录像和进游戏厅玩游戏机的。记得在中山公园里面的游戏厅里接触过那些打坦克和打麻鹰的游戏机，也接触过同学的山寨版任天堂红白游戏机，那就是我在大学之前所有的和计算机勉强相关的体验了。

但是这点体验促使我认识到了计算机真的是一个好东西，如果自己将来能学习计算机的话应该是可以免费玩游戏的，如果再编一个能让自己永远无敌的游戏就酷毙了。这个简单的想法导致了我考大学填志愿的时候把每个学校的第一志愿都填成计算机专业。“进大学，学计算机，玩游戏”成了我努力学习的最大动力，就是这个动力让我这个善于归纳总结而痛恨死记硬背的人在高中的后期开始发奋学习，终于以数理化三门全校前三和英语全班倒数第一的偏科成绩考上了自己梦寐以求的一本大学的计算机专业。

进了大学，终于能脱离父母有自己安排时间的权利了。那时候每个月国家都给每个大学生发 41 块钱的财政补贴和相配套的粮票，那些粮票都被我们这些学子们在自由市场上换成了麻将牌，丰富了文娱生活，而那些财政补贴则成为去饭馆改善伙食和去机房玩游戏的“机票”的主要经济来源。记得在大学一年级的时候，机房里最好的 PC 是 IBM AT，配套的是像素非常粗糙的彩色显示器，速度超慢，在 DOS 系统下打个 DIR 命令看目录，显示都是一行一行慢慢地滚出来的，硬盘容量最大才 10MB（另有 50%机器没有硬盘），就靠了两个 5.25 寸的大软驱工作。每次上机前的第一份工作就是格式化原来的系统装自己的系统，然后就是练习编程和玩游戏。在 4 年的大学生活中，从学习成绩的角度来讲我绝对不是个好学生，用了太多的时间来做和学习无关的事情，最后还是有惊无险地拿到了学位证和毕业证，但是由于自己对于计算机技术的痴迷，我的计算机知识和编程技巧还是非常好的。

→大学毕业和初入职场←

1994 年的上半年，就开始进入了找工作的阶段，那时候国家还是可以包大学生分配工作的，但是国家分配的工作基本上都是进工厂做工业控制的岗位，而对于我们这些学子来说，基本上要靠自己去找工作机会。我记得一共参加了三个工作单位的面试，都被录取了。我记得当时的三个 Offer 是：1. 太平洋保险北京分公司的计算机部门；2. 寰球化学工程公司；3. BMKC 株式会社。最终，我抱着“去外企多挣钱”的目的选择了最后一个单位。

BMKC 株式会社其实是一家典型的软件外包企业，是其母公司日本 MKC 株式会社在北京的合资子公司。其主营业务是承包一些从日本母公司分下来的软件任务以及在中国承接一些日本企业的服务外包项目。事实证明不管是多大年纪，只要有本领还是有机会很快出头的，因为一个资深外派员工的辞职，公司不得不把我这个新人推荐给了日方雇主。这时候，我在大学玩游戏积累的那些调内存参数的技巧和对于系统滚瓜烂熟的熟练程度使得雇主的日方程序员对我刮目相看。于是才毕业三个月的我就被选做公司唯一一个外派工程师去配合日方的雇主工作，分配给我的第一个任务是要配合日方的财务部门编写一套财务系统。当时日方雇主选择的编程工具是在中国非常罕见的一个以色列的编程工具——Magic Software。最终，我就靠着一本 700 多页的英文使用手册和一套日本人在台湾做的 Big5 编码的财务系统把这套财务系统搞了出来，并且在全国范围内完成了系统推广和使用。在 1994—1997 年三年的外派驻场过程中，我编写了一套财务系统和一套物流系统，同时还兼管日方雇主的整个中国区总部的内部 IT 系统的运维和管理。

在此期间，我对于计算机的热爱没有降低，最爱看的报纸就是《计算机世界》和《中国计算机报》，最爱读的书就是比尔 · 盖茨的《未来之路》。这位微软公司的创始人在这本书里面描写的那些美国公司在计算机市场上的呼风唤雨，让我这个在日企工作的人对美企向往不已。1997 年 7 月我签的三年劳动合同到期，我终于做出了自己的选择——辞职且不续约。我的这个决定在当时是很不被其他人（包括我的父母）所理解的，这个决定也意味着我放弃了一份在 1997 年非常不错的、每月工资 4500 元和丰厚年终奖的工作。

→进入美国 IT 公司做成职业经理人←

在辞职之后，我一边学车一边开始投些简历找工作，开始的时候连一个面试邀请的电话都没有，过了两个月后实在是寂寞难耐了。1997 年 10 月，我参加了在国际展览中心举办的招聘大会，向用友、金蝶等财务软件公司投了简历，奇怪的是以我自己一个人就能搞定一套财务系统的功力居然连一点反响都没有(估计那时候的简历写的有问题)。只有一家叫中联的 IBM 代理商，其面试主考官问过我是否愿意做销售，那时候我还是觉得自己就是要搞技术，根本不考虑销售这个貌似荒谬的选择。最终结果就是高不成低不就地在家里坐吃山空了半年，副作用是我有大量的时间去学车考驾照，半年的专职学车导致我的基本功打得非常扎实，顺利地在 12 月 29 日拿到了驾驶执照。在拿到执照后的第一个雪后的晴天，我终于接到了一直梦寐以求的面试邀请电话，“惠普中国公司要招 Call Center 的售后支持工程师！”

记得是在 1998 元旦后的一个雪后的工作日，我穿上了自己最好的一套西装去面试。面试官提的一些问题我到现在还记得，“什么是 PCI 总线？”幸亏我平时有爱看计算机报纸技术专栏的习惯，这个好习惯使得我终于从一堆候选人中脱颖而出，成为了一名惠普公司 Call Center 的 Contact 员工（指那种没有正式雇佣关系的劳务外包员工）。

进入梦寐以求的美国 IT 公司的那种感觉真是太棒了。当时惠普的 Call Center 在国贸大厦（可见当时 PC 的利润有多高），满楼里走的都像是成功人士，而且感觉惠普对于员工的尊重简直是到了极致。当时惠普给我们每个员工配置的是内存高达 64MB 的惠普 Kayak 图形工作站和 17 寸的大屏幕显示器，而且操作系统居然是价格昂贵 Windows NT 4.0，这个配置在 1998 年 1 月的时候绝对是超高级的奢华款。入职后是公司安排的长达一周的在四星级酒店的集中培训，公司内部的各路大佬轮番上阵，从着装开始给我们这些菜鸟做培训。自己感觉就像刘姥姥进了大观园，有太多的东西可以去学习，当时感觉惠普绝对就是世界上最好的公司了。

新人培训完成后，就面临着分组了。当时惠普的 Call Center 分为两组，一组是支持当时惠普最出名的激光打印机和扫描仪等外设，另外一组是回答关于 PC 和服务器等的技术问题。在经理征求分组意见的时候，中国人特有的那种含蓄风格占了上风，我回答“无所谓”，结果我被分到了“外设组”负责回答打印机等外设的问题。接到这个结果后我不禁心里打鼓，我非常清楚自己的强处是对于计算机的热爱，而不是摆弄那些没有大脑的打印机。思前想后了半天，还是决定找自己的经理反映一下，要求调到计算机组中。这时候，惠普对于员工的尊重原则又开始发挥作用了，我的经理非常理解并批准了我的决定！终于，我又回到了自己喜欢的与计算机相关的职业轨迹上了。

虽然我认为惠普是当时世界上最好的计算机公司，在一个那么高大上的写字楼里上班（国贸一期），而且干的还是自己喜欢的行业，但其实这份工作还是一个挺苦的活儿，每天基本上要接25～35个售后技术服务电话。我就这样过了7个月，等到了另外的一个机会的到来。惠普当时有个很好的人员交流计划（Rotation Program），就是不同部门之间进行人员轮岗，我有幸被选出来从售后部门转去售前支持部门轮岗。在售前部门轮岗期间，自己在平时积累的那些计算机技术又开始发挥作用了，轮岗结束后就有销售开始找售前部门的经理，要求我在轮岗后留在售前技术支持部门，这个反馈给当时我所在的售前部门的经理留下了很好的印象。

惠普的财政年度是在每年的11月1日开始的，当新财年业务的增加就会导致人员编制的增加。12月的时候，惠普售前部门的经理在人员扩招计划被批准后就让我考虑去售前部门了。当时的惠普真的是一家拥有伟大企业文化的公司，规定每当员工有更好的职业发展机会的时候，现任经理必须无条件支持员工的选择。于是我在1999年元旦后有幸加入了惠普的售前支持团队。随着经验的积累和沟通技巧的提高，2000年的时候，销售部的领导开始问我是否愿意转成销售。但是我当时的想法是自己的技术很好，觉得丢了这身技术比较可惜，于是就回绝了销售部门经理的好意（同时得到邀请的售前部门的一个小师妹接受这个机会，后来成为了惠普的一个传奇销售）。

到了2001年10月，我又面临另外一次选择的机会。随着中国惠普两大业务部门的合并和戴尔进入中国市场的步伐加快，我就面临着一个新的选择，是继续在惠普做一个技术顾问还是追随我在惠普的领导去戴尔，尝试一个华北区售前技术顾问经理的职务。在已经先期加入戴尔的老领导的不断邀请下，我终于决定去当时号称IT四大火坑之一的戴尔。

进入戴尔的感觉和在惠普完全不一样。戴尔内部的考核方式是以季度为考核单位的，节奏比惠普快得多，正是这种节奏让我有机会在 12 年的时间里跟不同的领导学习了不同的管理风格。在戴尔 12 年的职业生涯中，我一共经历过 15 人次的直接领导，其中不乏 IT 圈大佬级人物。给我最深印象的是戴尔的数字化管理系统对业务的精密管理，以及公司对于销售业绩的极致追求。在 2001 年到 2010 年这段期间，作为一个售前技术顾问部的经理，我服务过几乎所有中国的大行业客户，像金融行业、电信行业、能源行业、政府教育行业、制造业等，这使我有机会去了解这些客户的 IT 架构和应用特色。

戴尔内部有个非常好的机制，就是公司规定部门领导要定期和下属员工谈论职业生涯发展规划。2009 年的时候，和戴尔大客户部总经理 Alex 的一次谈话打动了我，Alex 非常直接地奉劝我在自己的职业生涯中一定要做一次销售，即使将来在转回技术岗位。在那次谈话后，做销售这个我以前从来不考虑的选项就像一粒种子在我心里发了芽，在 2010 年年初，我终于又等到了戴尔 HR 部门在高级经理中推行 Rotation Program（轮岗计划），在报名并经过两轮的面试后，我终于和另外一位同事从 8 个高级经理候选人中胜出。

→当销售和接触互联网行业←

2010 年 4 月 1 日，我开始了销售经理的职业生涯，主管当时戴尔在北京地区的互联网大客户业务，这是我第一次深度接触中国的互联网客户和技术架构。我直接被互联网客户的技术架构惊呆了，当时直面这些互联网客户的风起云涌（新浪微博的崛起、百度的超级大单、爱奇异/优酷的视频发力……），那种成就感是在其他行业客户中所不能比拟的。我开始有点喜欢销售这份工作了，而且销售和技术的这种混合动力使得自己的团队在戴尔内部创造了多次销售记录：

a. 第一个把 Flash 产品推荐给互联网客户用作数据库应用；

b. 第一个成功推荐戴尔 IDC 项目管理给中国最大的互联网公司之一；

c. 第一个推动戴尔各研发团队认证了中国客户使用的最广泛的 SSD 方案；

d. 第一个推荐客户去认证了戴尔认证工程师（DOSD）；

e. 第一个和后端美国产品研发团队探讨产品本地化的中国销售经理；

……

另外，最大的收获是我有幸认识了互联网公司里面的那些技术牛人，同样作为技术出身的我，深深地被这种互联网的先进架构所吸引，心里开始向往加入互联网行业了。在为期一年的轮岗活动结束后，我又回到了原来的解决方案部高级经理的岗位，主要服务的互联网客户也变成从北京扩张到了其他地区。2012 年年初，随着公司业务的发展，我也被提升为解决方案部的技术总监，统管中国互联网行业大客户的售前技术工作，客户分布也从北京扩展到了上海、杭州、深圳等互联网业务发达的城市。过了一年，又增加了北京、江、浙、沪和广东五个地区的制造业、电信、金融、能源四个新行业。可是这四个新增行业的绝对购买量加起来还比不上互联网客户的一半多。

虽然自己管的行业多了，但是我喜欢的还是和互联网行业客户的那种淋漓痛快的技术交流，在互联网行业中的业绩和成就感也是其他行业所不能相比的，而对于那种用互联网的力量改变世界的渴望一直在我的内心跳动着，自己也开始逐渐考虑是否要从 IT 业转入互联网行业了。进入 2013 年，这种想法越来越不可以抑制，尤其是看根据 Facebook 的故事改编的电影 *The Social Network* 和互联网女皇 Mary Meeker 的 2013 版报告后，"加入互联网行业"就像一句咒语一样不断出现在我的脑海中，直到 2013 年 12 月，这个念头转变为行动的催化剂出现了。戴尔历史上的第一次员工自愿离职计划应景地出现了，在戴尔全球范围内只要和当地法律不冲突，且非核心技术研发人员，都可以申请参加这个活动，我在此活动的第一天就向 HR 提出了咨询请求，自被回复的第一天起又提出了正式申请。后来就是要面对各级高层领导对我的挽留行动了，但是我加入互联网行业的决心还是感动了各位高层领导。于是，我顺利地在 2014 年 1 月中旬拿到了离职的确认，在戴尔工作了 4490 天后于 2014 年 2 月 21 日正式离职了。

在即将离职前的时间里，我整理了自己的职业生涯发展规划，主要的应聘方向如下。

1. 首选是国内云计算公司。云计算在国内是绝对新兴的产业，而且其发展前景非常被看好，而且正好利用了我懂互联网架构又对传统行业比较熟悉的优势。

2. 次选是国内的互联网公司。

3. 最后的备份是传统的 IT 公司。

方向定了之后就是开始找工作的过程了，通过传统猎头的方式比较慢而且效率低，我就在春节后期（应该是初六晚上）发出了一条微信，把我的三个发展方向在朋友圈里说了下，果然很快就有了回复。我被一位媒体界的大佬推荐给了 UCloud 的 CEO 季昕华。当晚就和老季在微信里聊了一个多小时并约好了春节后详细聊聊。

后面的事情就一帆风顺了，在 3 月 21 日也就是我从戴尔离职一个月后，终于加入了 UCloud 这家国内领先的云计算公司，也验证了用互联网的方法来解决找工作的问题的优势。

择业

人的职业生涯就像一个树状结构，每次选择都会导致后续职业生涯的发展不同。有时候我也在问自己，假设我现在年轻了 20 岁，回到了大学时代并成为了一个即将毕业的大学生，我的经验又会使得我做出哪种选择呢？

第一个选择：上班还是读研

对于一个大学生来说，首先要想好继续学习还是要入社会工作，这两种选择各有利弊。继续学习可以把自己的知识基础打得更牢固，而早日进入社会也会帮助自己早点适应工作环境，但是从用人单位的角度考虑，至少还是要具备本科学历的。

第二个选择：出国还是留在国内

现在条件好的同学往往面临另外一种选择就是出国还是在国内，这里需要提醒大家的是一定要注意所在国家的经济发展晴雨表，很难想象一个失业率奇高的国家会提供很多工作机会给外来者，而且作为一个英语是非母语的人，也基本上不存在去领导人家的可能性。从我自身的经历来看，在 2005 年我放弃了已经到手的移民纸而选择了留在国内发展，这无疑是我自己做出的一个最英明的选择，国内的经济发展速度之快使得我们会面临更多更大的商业机会。

第三个选择：从事哪个行业

对于和我一样学习 IT 技术的学子来说，投身到发展日新月异的移动互联网行业，无疑是一个非常英明的选择。原因有如下几个。

a. 首先看技术上的发现趋势。从计算机技术的发展来看，从它诞生那天起到现在的发展就是从集中到分散的趋势，从最早的科学计算到大型机-小型机-个人电脑-互联网-移动互联-穿戴式设备等的发展就是非常符合这个趋势的。其次，这种变化会导致数据的大量出现，于是数据的产生、计算和存储就成为了一个新兴的产业，也就是最近炙手可热的大数据、云计算等热门话题。如果可以选择的话，这种和移动互联网直接或间接相关的行业其实是非常不错的选择。

b. 除此之外，中国移动互联网的人数和网民的百分比也说明了这一点，中国的移动互联网还正处于发展阶段，距离市场的饱和还差得很远，而且新新人类会对移动互联网产生更多的需求。对于互联网这种新兴的社交方式来说，它和一些传统行业碰撞的时候，往往会出现一些新的商业形态，对于个人职业生涯设计来说，选择一个非常有发展的行业是非常关键的一步。所以，选择一个“在风口上把猪都能吹起来的行业”比选择一个夕阳产业要有更多的发展空间。

c. 最后还要看看投资者的钱去了哪个细分领域，不妨参考下图。

中国大互联网产业细分领域资本运作方向图谱，2014

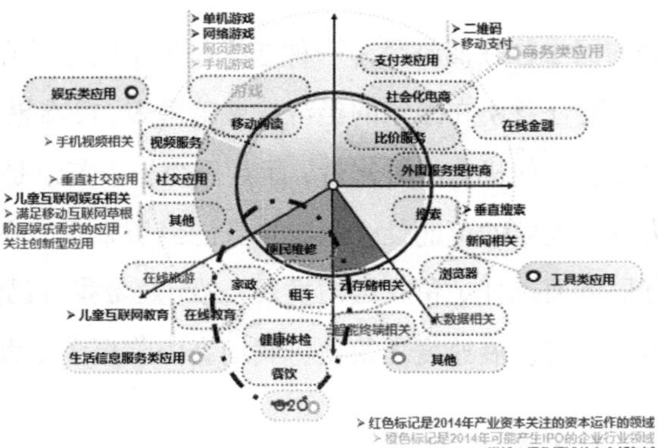

资料来源：IDC，2014

其中的大数据领域、O2O 领域和移动支付领域最近是非常受投资者青睐的，选择这种行业的工作机会是非常明智的，比你在那些夕阳产业中做逆水行舟的事情容易得多。

投简历和面试

选择完自己的职业生涯发展规划后，就要进入投简历和面试的具体操作流程了。

一、投简历

找工作是一个双向选择的过程，不但应聘者要善于寻找有前途的工作机会，用人方也在选择适合自己公司的应聘者，其实中间的关键就是要互相发现对方。一般来说，用人单位有以下几个途径可以和应聘者建立联系。

1. 猎头。这个基本上是一些传统的较高大上职位的专属方式。通过这个方式猎头可以控制参加首轮面试者的质量，招聘成功并且度过了试用期后，雇主都会给猎头一笔不菲的中介费。在很多的传统行业和一些比较高阶的管理岗位，这种方式还是很流行的，但是这种线下的猎头方式一定会被互联网模式所冲击。

2. 招聘网站。特点：信息量非常大，但是准确性不足。结合我最近在招聘网站上搜寻简历的经验，感觉不同的招聘网站的特点还是很不同的，但是如果找互联网从业的技术人员，我个人最爱用的就是拉勾网了。如果招销售，猎聘网和 51job 都是很好的选择，其收费会大大少于传统的线下猎头。

3. 用人单位的网站。在惠普的应聘过程中，我使用了这种方式并且获得了成功，这种方式需要应聘者有非常明确的目标公司，而且即使一次不成功也要保持每个季度要群发简历的频率。

4. 熟人推荐。如果能和微信微博等信息媒体结合起来，这个杀伤力是巨大的，在有些人脉的情况下成功率还是非常高的。

不管是哪种方法，其实最主要的还是解决第一步互相发现对方的问题，应聘是否能成功还要看应聘者在面试过程中的表现。

二、面试

1. 诚信。其实翻译成北京话就俩字，“别装”！诚信及简历的真实性是面试的基础，一般来说面试官比应聘者都要经验丰富一些，与其最后在背景调查和实习期露马脚，不如开始就以诚相待。学历和经验可以不足，但是不可以有假。

在最近的面试中，我连续碰到了两个连 CPU 都不知道为何物的计算机系毕业的本科生，这种面试基本上属于浪费双方的时间。

2. 着装。这个问题虽然简单，但是很多人都犯了这个错误。着装是要看要所面试的行业的。我所见到的一个最夸张的面试者是穿了个中式对襟小褂，仙风道骨一般来面试客户经理的。殊不知您在亮相的第一眼给面试官的感觉就是无比另类。我最近遇到的一个大学生面试者肯定是面试经验不足，居然穿着短裤和球鞋就来面试客户经理职务，他一直也没有意识到这个装束是很难被一个直接和客户打交道的职务所接受的，这一点是在校学生参加面试过程中尤其要注意的。另外还有一些细节，比如说手上和颈上的装饰品是否异常夸张等，都有可能会给面试官带来不好的印象。一般来说面试礼仪的基本思想是不求有功，但求无过，配合一个比较中性的、稍微正式些的着装会增加自己的印象分。

3. 言谈举止。这个方面的注意事项基本上属于“只能意会，不能言传”了。 但是一些基本的技巧是要言多不失、尊重面试官的意见，他允许应聘者自我介绍时再开口。最近我遇到的一个应聘者上来就先问了我十多个问题，关于公司发展和福利待遇无所不谈，仿佛是他是面试官一样，最后的结果可想而知。另外，举止一定要注意有基本的礼节，毕竟中国有尊老的传统，而且一般情况下面试官都会比应聘者大几岁，保持一定的礼貌一定会增加些印象分。

4. 关于薪资。对于一个即将毕业的大学生来说，这个待遇其实是最可以忽略不计的，与其要一份相对来说比较高的收入，不如要一个能学到东西的工作岗位。(在这里“鄙视”一下那些互联网巨头，其薪资待遇已经将毕业生的期望值拉高了数倍。)

5. 随机应变。基本上所有的资深面试官都受过面试技巧的培训，他们往往会问到一些出人意料且非常有意思的问题，比如说当你介绍完优点的时候马上让你介绍自己的缺点。我也不例外，基本上在面试的后半段会给应聘者增加压力和不断挑战他的逻辑思维来测试其随机应变的能力。有些技术非常出色的候选人往往会在这个环节中败下阵来，其中有位候选人居然需要延长五分钟来想这个问题，其实这时候不论他说什么都已经面试失败了。

三、试用期和职业生涯发展规划

进入新公司后如何能快速地适应环境并且从同一批次的人中脱颖而出，这也是件很有挑战的事情。

首先，要做到不要轻易放弃。最近的面试者在谈到他的面试的经历的时候讲过一件事情，他仅仅去上了一天班就决定放弃了，结果他从去年到现在一直在找工作。这些“天之骄子”们面试的时候会问我，难道公司不喜欢有个性的人吗？我可以非常肯定地给予他一个非常确定的答案“99%的公司是不喜欢个性太强的人的”。因为公司运作相当于集体作战，如果员工有太强的个性会打乱整体的部署而且会干涉指挥的权威性。经常看到有些上学时候非常出众的候选人，其工作经历往往惨不忍睹，基本上长则三个月，短则几周，频繁地跳槽想寻找一个适合自己的工作。他们往往忽略了一个现实，一个公司的工作氛围基本上是固定的，一个人要学会去适应公司而不是让公司的环境去适应人，只有这样最终才会从其中脱颖而出。

其次，要从长期发展考虑，不追随老板而要去追随行业发展趋势。我在20 年的职业生涯中一共有过二十多位直接汇报的领导，他们其实都是非常出色的职业经理人。但是老板也是追随不过来的，不如吸收他们不同风格的管理经验和技巧，从而形成自己的管理风格。其实，要想在职场上最终胜出也不是很困难的事情，一定要耐得住寂寞，把发展方向先想清楚后持之以恒地走下去。所谓成功人士成功的原因大致是一样的，而不成功的人士失败的原因则各有不同。多在自己身上找原因，去适应公司的氛围而不是反之，这样才能从竞争者中胜出！

作者简介

郭鹏

1994 年毕业于北京化工大学计算机系，现任 UCloud 副总裁兼北京分公司总经理。此前在戴尔（中国）有限公司和惠普中国有限公司担任过解决方案部技术总监、互联网行业高级销售经理、高级技术顾问等职务。拥有二十年的 IT 及互联网技术从业经历，对于大型网站技术架构、企业运营、销售管理和对未来互联网的发展有着深刻的理解和洞察力。

因兴趣而进入互联网行业

2000 年，踏着世纪交替的步伐，我走进入了西北工业大学，学习航空飞行器动力专业而不是计算机专业。在入学之前，我就对计算机有不小的兴趣，进入大学后经常去学校图书馆或实验室上网，对计算机的兴趣越来越浓厚，就去图书馆找一些网页设计、网页特效等书籍学习并动手做一些练习。之后我就很喜欢用 263 的邮箱，因为它的邮箱支持自定义网页格式，我可以给同学和朋友发送自己设计的个性化的网页格式 E-mail。那时很多同学对计算机接触还不多，这样的感觉非常好玩，也很有成就感。2001 年，全国多所大学开始设立国家示范性软件学院，成立软件工程专业，允许学校内其他专业的学生转专业到软件工程。我得知这个信息后告诉了父亲，在征得父亲的同意和支持后，在大二下半学期我通过学校软件学院组织的考试，转到软件工程专业，成为软件工程专业的一名学生。

2004 年，我大学毕业，由于软件工程专业注重理论和实践结合，加上自身兴趣，我在校期间有较多的个人及团队小实践；如做过模拟的图书电子商务网站、写过 C++的俄罗斯方块、模拟聊天室、Java 的图形小游戏、EJB 的学生管理系统以及利用 H.263 压缩协议实现的视频聊天（在我调试通过，成功在另一台计算机看到自己的视频的时候，那种兴奋无以言表）等。这些可能和腾讯的招聘需求比较吻合，我成为那年我们学院唯一一个被腾讯录取的学生。

十年技术之路——初入职场

从 2004 年大学毕业到今年，我正好工作了十年。回顾自己在腾讯的十年，从最初大学毕业初入互联网行业的新兵一个，到现在带领团队负责腾讯社交网络事业群所有自研业务的运维工作，我经历了很多历练，也成长了很多。

刚进入腾讯时，我主要工作是业务开发，比如 QQ 交友、QQ 音乐等开发。到了 2005 年年初，部门正在紧张地筹备着 QQ 空间，这是一个很多人没有想到会如此受欢迎并引领未来很多年中国互联网 Web 2.0 时代的 SNS 产品。而我则有幸成为这个不到 10 人，开始只有我的导师、Leader 以及几个和我一起入职一年左右的新人组成的 QQ 空间研发团队中的一员，负责完成了日志和留言板模块的开发。在 2005 年左右，中国互联网还主要以 Web 1.0 为主，几乎没有 QQ 空间这样可以有自己个性化网上地盘的产品，产品上线后非常受欢迎。在公测阶段，我们采用了类似现在各种邀请码的形式——英雄贴来引入用户。我负责所有英雄贴的生成和发放，当时公司内外的 BBS 上都是求 QQ 空间英雄贴的，非常火爆。而更加个性化的自定义模块功能也充分满足了年轻人喜欢炫酷和自由发挥的特性。就在这样的背景下 QQ 空间业务出现了爆发式的增长。

在顺利完成日志和留言版模块后，我的 Leader 找我，希望我来做负责人，和另外 4 个比我还要晚一年左右进入公司的同事，开发一个精简清爽版的 QQ 空间 Izone 供当时的企业版 QQ TM 使用，满足办公和商务用户的需求。开始我还有些犯嘀咕，心想一个模块我可以搞定，但一个完整的业务，需要协调不少人，有更多的技术环节，心里没底。我的 Leader 鼓励我说：“遇到困难我会安排资深同事帮助你们解决，另外也要相信自己，而且精简版空间最核心的功能之一就是你负责的日志模块，都已经做过了，还担心什么”。在 Leader 的鼓励下，我和其他几个同事经过几个月的紧张开发测试，顺利地发布了 TM 版本的 QQ 空间 Izone（后来简洁版空间和 QQ 空间合并成同一产品）。

与此同时，由于注册用户和访问量的快速增长，QQ 空间的性能问题逐渐暴露，经常出现各种打不开的、加载慢等故障和问题，急需优化。可能很多用过 QQ 空间的人还记得当年登录空间提示同时在线人数过多需要排队，引导用户去玩一些小 Flash 游戏的情景。为了保证用户的良好体验，项目组决定将大特性开发暂停一段时间，将团队分成两部分，一部分负责性能优化，一部分负责日常版本开发。而我则作为运营开发的 PM 负责日常运营版本的开发，同时也兼顾了很多运维建设工作，比如自动化的编译系统、深入业务特性的监控容量系统、数据在线迁移方案等。

这样两年多的“全栈”式开发及运营，使我的综合能力快速提升，为后来从事运维工作打下了坚实的基础。

十年技术之路——转型运维

2006 年开始，公司开始流传一个名词叫 D/O 分离，也就是研发和运维工作分离。我所在的业务系统也成立了专门的运营部，逐渐接管了很多业务的运维工作。QQ 空间由于正处于爆发式增长，业务复杂度及运维挑战度比较高，需要很熟悉业务的人才可以支持好，所以领导计划从研发团队切入到运营团队，而最合适的就是我和我的团队。此时我面临的选择是转做运维，还是继续留在研发线。

我的 Leader 找我说，如果想留下来继续作研发，最好早点提出来，如果正式转到运维后，再想回来做研发，在公司推行 D/O 分离的背景下，可能就比较难了。我当时确实有过犹豫，甚至后来有时候也会想，如果当初我不转运维，现在又会是一个怎样不同的发展。但当时空间业务确实面临很大的挑战，我和我带领的四个同事由于还承担了很多运维的工作，也做出了不少不错的成果，有普适推广价值。深思熟虑之后我选择了支持公司和业务的需要，在 2006 年年底转到业务运维，逐渐转型进入一个在当年搜索引擎上都搜索不到定义的细分技术领域——业务运维。但现在回头来看，正是由于有过两年多后台前台都要做的所谓“全栈”工程师一样的开发经验，以及经历一个爆发式增长业务的磨炼，我在运维工作中有很多优势，后来快速成长为公司技术运营岗位的 T4 专家。

刚开始 D/O 分离的时候，发布无疑是业务运维人员的一个必修课和主要工作内容。操作方法主要是通过后台控制台手工或脚本发布，变更风险高，对人的依赖强。我进入运营部后所做的第一个尝试就是将发布从后台转换到前台来，利用团队在 QQ 空间业务已经实现的自动编译系统，完成了通过前端界面上的按钮点击来对代码和文件进行拉取、编译、上传测试机、上传发布机、发布等全流程界面操作，并想办法用实时管道模拟控制台的信息滚动效果。这个尝试或许是当时公司内第一个把运维操作从控制台搬到前台实现可视化操作的尝试，并最终和一个公司级的发布项目联合。有同事专门进驻到我们团队调研并联合开发出一个统一的发布系统，并不断完善沿用至今。借助发布系统的不断完善，我们在一两年后和测试团队讨论达成一致，由测试团队同事在版本测试通过后发布日常版本，因为这样既减少了在各类环境同步代码时测试团队同事的等待时间，又减少了运维同事的工作量和压力，可谓双赢。直到现在，很多要做发布的运维团队对我们的模式还是非常羡慕。

我从 2007 年年底成为运营规划组组长，2010 年年底成为运维副总监，角色从单一运维业务逐渐转变为负责所在系统所有业务运维相关的规划和建设工作。在这个过程中我和团队一直与研发线保持很好的配合，联合做了很多建设性的工作。

运维和研发有一个共同目标就是让用户访问我们的业务速度尽可能快。为了提升我们系统业务的访问速度，2008 年时我联合研发线的前端开发骨干、网页重构等 7 个同事，成立了一个联合的速度优化虚拟小组，并作为虚拟小组 Leader，定期组织速度优化会议。在会议上，我们讨论各种各样的速度优化手段，并参照当时网络上流传的 Yahoo 速度优化 14 条在业务上进行尝试，把实践后得到的效果和经验整理成简单的 PPT 或文档在例会上跟大家分享，互相学习讨论，然后将成功的方案推广到更多业务上去。这种运维联合研发的优化工作取得了非常好的效果，当看到通过我们的优化，业务的延迟曲线明显下降时，大家都很有成就感。在短短半年多的时间里，我们优化了业务系统的几乎所有业务，几大业务如 QQ 会员、QQ 音乐、QQ 秀、QQ 空间的访问速度分别提升了 30%~200%。项目在当年也获得了公司刚刚设立不久的技术线大奖"重大架构优化奖"的银奖（同批次金奖空缺）。然后我将大家的成果整理成了一个 80 多页的实践经验类 PPT，并以团队名义在腾讯学院开发成一门课程，之后通过各类渠道被分享近 20 次。随着我们速度优化小组的持续运转，主动加入我们的优化兴趣邮件讨论组的成员最高时候达到了 160 多人。

2010 年，为了提升业务的全国分布能力和容错能力，提升访问速度，我作为运维线的负责人之一与研发运维同事一起，联合 QQ 团队（当时不属于同一业务系统），通过一年多时间的合作建设，完成了 QQ 及 QQ 空间的 SET 化项目（SET 化是将一个大的业务划分成多个小的集群），让两大平台业务分布到全国，实现业务跨机房或跨地域的调度能力。由于两个平台的多地分布，使得平台上的其他业务也可以跟着做多地部署，为亿万 QQ 用户就近访问各类 SNS 应用迈出重要的一大步，项目也获得了当年的公司重大技术突破金奖及年度大奖。

在运维团队能力建设上，由于运维支持的部门多，各业务部门都有独立的研发团队，研发人员数量一般都比运维多出一个数量级。为了提升团队的专业性以及维护效率，我提出一个"减少运维对像，专业分工"的理念。

减少运维对象，实际上是专业分工的手段。我们把服务器类型、机房、QA流程、容错架构、软件架构等都看成抽象的、需要运维去管理的“对象”，希望这些对象越少越好。因为对于业务运维来说，人员数量总是远少于研发的，对象越少，我们能够对这些对象有更加深入和全面的掌握，而这种寻找及合并同类项的过程，其实也是专业细分的过程。我逐渐地将业务运维团队划分成接入层运维、数据层运维、逻辑层运维、业务运维、基础运维几大类。

最复杂的是逻辑层运维的独立过程。因为大多数企业初期接入和存储都是使用类似 Apache、MySQL 等开源软件，并逐渐演化，所以接入和存储的抽象和标准化比较容易，但逻辑层研发会写出很多架构和技术各异的 TCP/UDP 的 SOCKET 服务，在 D/O 分离的情况下，要让所有运维掌握这不计其数的原理和设计各异的 SOCKET 服务器，是一件非常难的事情。所以开始我专门找了一个综合能力比较强的同事，让他负责统一维护，并推动我们选择的一个通用 SOCKET 服务器，研发只需要写这个服务器里面的业务逻辑部分，就像 Web 服务器上的 CGI 一样，最大限度地限制个性化 Socket 服务的出现。通过两年多的努力，终于将开始只有几百个的标准框架服务器，推广到覆盖 90%以上的标准 Socket 服务器，并最终形成了一个专业的逻辑层运维团队。

三层分开维护后，需要有人或机制让这三层很好地协调工作和运转。从人员方面讲这就是业务运维团队，由他们来协调三层运维团队来为业务整体提供服务，可以说是对口业务的运维线 PM。从技术角度来看，三层的访问需要访问的串接，我们推广使用类似 DNS 的一个名字服务结合负载容错的公共组件 L5，串接三层的访问关系并实现接口级容错，这个组件以及一些三层都使用的公共运维和管理组件，以及和网络服务器接口的一些工作，都让基础运维来支撑。总结来说，就是接入层运维、逻辑层运维、数据层运维、业务运维和基础运维几大类。标准的接入、逻辑、存储三层运维都有同一个要求就是组件的高度统一以及统一后的经验最大化利用。经过几年的努力，我们形成了一个非常稳固的专业分工合作的模式，也使得虽然有非常多的独立业务，但我们的整体业务架构体系很标准化，便于维护。团队也成为一支很有战斗力和优秀的专业运维团队。

十年技术之路——思考感悟

回顾在腾讯的十年，作为一个本科毕业生，在管理上六年升任副总监，技术上七年半晋升 T4 专家。虽不是发展最好的，但相对平均速度来说都是比较快的。我总结主要的几点是学习成长、合作共赢、总结呈现、思考前行。分享一下这些方面的体会，希望可以帮助初入互联网行业的技术人员或发展遇到困惑的人突破和提升自己，让自己成为精兵再到骨干，并进一步成长为一名强将。

要成为一个团队的精兵，必须是专业知识过硬，经验丰富，指哪打哪，能够非常让人放心的完成领导安排的任务的人。要做到这些，学习和实践是最直接的路径。通常一个毕业生，刚进入企业的时候，所学的知识并不能 100%胜任岗位的需要，这个时候，快速地学习补充自己的知识缺陷就显得非常重要。在企业里的学习和实践，要注意以下几点。

1. 借助导师、同事资源。这样可以让自己快速解决遇到的问题，少走很多弯路。我刚毕业时的导师就对我有问必答，直到现在和同事讲起我的导师时，我都会说他是我工作以来遇到的技术最全面的、最佩服的人之一。

2. 系统化的学习工作所需要的是基础知识，而不是到百度或谷歌查资料解决。这样有助于遇到问题后通过相关知识关联分析，也有助于搭建更合理的技术架构，或改进现有技术架构的不足，让知识形成协同效应。为了让没有做过研发的运维同事对研发不觉得神秘，能够去分析异常故障深层次原因，我特意开发了《直观认识网络通讯》、《直观认识进程间通讯》、《直观认识 HTTP 协议》等几门课程，将这些知识体系化地通过一个个的小程序案例传递给我们的同事。

3. 除了工作中需要的新知识外，建议在工作一段时间后再回头系统性学习相关专业基础知识。因为在学校的学习多数都缺乏实践，很多知识的掌握比较粗浅，在工作一段时间后重新再学，会有完全不同的收获。比如，我有了一段时间排查业务异常和网络问题的经验后，又将学校读过的《TCP/IP 详解卷 1：协议》①读了一遍，发现收获特别多，很多实际业务在异常时表现的现象都和书上讲的对应起来了。一些只在书上看过但无法在试验环境模拟的现象都在实际工作中找到了场景。

4. 借助平台学习成长。实际工作中，爆发式增长的业务或大平台是一个人快速成长和进步非常好的资源。因为爆发式增长的业务会让你在很短的时间内遇到在其他地方好多年可能都不会遇到的问题，而大的平台一定是从小而来，趟过很多的坑，在这样的环境中，保持一个好奇好学的心态，可以快速提高自己。比如，在 QQ 空间业务开始爆发增长的时候，有段时间我曾经十天里有六天夜里和同事一起分析解决业务异常，经常持续几小时甚至到天明，也正是那段时间，遇到了别人几年才有可能遇到的各类问题，让自己知道该补充什么知识，在后续的运维工作中对我有了很大的帮助。

5. 如果可以对自己进行细分定位会更好。就如同我和我的团队在过去的七年里都经历了工作内容和岗位的细分一样，现今社会是一个信息爆炸的时代，IT 技术也是不断地出现新的技术分支，要想每一样都做到精通是非常困难的。所以结合自身情况以及工作需要，对自己有一个更加细分的定位，这样做精力才能聚焦，更有可能快速在你所做的领域不断深入，进而成为专家。而如果你想要成为一个综合性的人才，也可以考虑通过阶段性专注于某一细分领域，重点学习积累，具有一定深度后再切换重点关注领域。

随着经验的增长，从精兵变成骨干，我们所从事的工作会逐渐由简单直接变得复杂综合且无法独立完成，这时候就需要团队协作甚至跨团队、跨部门推

① W.Richard Stevens 著. TCP/IP 详解卷 1：协议. 范建华等译. 北京：机械工业出版社，2000.

进。这个时候就需要我们很好地协调平衡各方资源，推进项目达成目标，并将团队的业绩最大化展现，获得肯定。在这个过程中，要注意以下几点。

1. 保持开放的心态。需要在沟通合作中更多的换位思考，多创造一些双赢的机会。平时先帮助兄弟团队或同事完成目标，等到自己团队需要帮助的时候，也一定会有兄弟团队或同事出来帮助你。

2. 找到一些对大家都有帮助，大家又都感兴趣或可以学到新东西的事情。比如我前面提到的速度优化虚拟团队就是一个例子。

3. 注重成果总结和展现。我在公司职级晋升以及一些技术奖项评审中发现有不少人或团队所做的工作成绩非常突出，但在答辩的时候讲得很一般，平时很辛苦，最后呈现很糟糕，没有通过评审或取得的成绩比较靠后，很可惜。职场不是一个只有一次机会的演讲，更像一个马拉松。对于不善表达的人来说，可以更多地注重利用日常工作中通过各类文本的形式表达场景，这样可以在长期的工作中，让周围的同事和领导了解自己及团队的工作成果。

4. 注重平时的资料积累。总结展现不好，很多情况也是由于内容不够丰富有价值。为了解决这个问题可以养成将一些日常工作中坚持将成果邮件、PPT、数据图表等案例分类汇总保留。这样在需要总结的时候数据会很丰富，有内容就不怕讲不出。

很多骨干走上管理岗位后，随着管理人数和团队的增加，会发现以前由领导指派的清晰目标逐渐没有了。团队部分成员甚至一些团队整体都会困惑应该做什么，除了不断重复一些任务和工作外，团队成员长远的发展是什么等关键问题不明晰。如果这个问题得不到很好的解决，那么团队就可能出现不稳定、士气不高、战斗力差等情况。

这个时候是很难的一个坎，因为以前不管是单兵作战，还是团队项目，目标多数比较明确，但在带领一个较大规模的团队时会发现，自己的工作内容往往不再是如何完成一个既定的目标，而是思考该做什么，我该将团队打造成一个什么样的团队，怎样帮助团队成员的发展，等等。

我自己也作了一些思考和探索，比如我在运维团队里以减少运维对象以及按专业分工的思路将团队分工不断细化，并尝试清晰地定义每个团队的核心工作职责，让大家在自己团队核心工作职责的方向上不断沉淀，通过积累建立起和别的团队差异化的经验，形成自己独有的经验和平台优势。另外，提出“服务产品、服务研发、服务自己”的理念，特意将产品放在第一位，研发第二位，希望引导运维团队有产品意识，寻找更多的办法去帮助产品、协助研发，从而让产品更加成功。而不是只着眼于自己的运维效率，做一个纯粹的支持者。只有做好这个思考和探索，我觉得才能真正转变为一个强将，我自己依然在这样的思考与探索的路上。

希望每一个刚进入互联网行业的技术人员或发展遇到困惑的人都能突破自己，从精兵成长为强将。

作者简介

赵建春

腾讯社交网络事业群运营部运维总监，T4 专家工程师。2004 年西北工业大学软件工程专业毕业后加入腾讯，先后参与过 QQ 交友、QQ 音乐、QQ 贺卡、QQ 空间等业务的开发。2006 年后和团队一起专注于技术运维，现负责腾讯社交网络事业群业务的运维建设工作。和团队成员一起经历了业务设备规模从数十台到十万级的快速发展历程，在运维环境标准化、业务 Set 化部署、多地分布、速度与体验优化、运维自动化式部署等方面积累了丰富的实战经验。

电商大促盛宴背后的技术

随着近年来互联网的越发普及，电子商务已经成为越来越多人生活的一部分，并有成为购物首选的趋势。非常有幸从 2010 年起，我就加入了 1 号店这个电子商务的前沿企业，作为一个技术人亲身经历了公司规模和系统规模从小到大、快速发展的这几年。其中印象最深刻也最有代表性的就是一次又一次的大促，每一次公司生意规模的增长背后都伴随着技术层面的不断升级和演进。

1 号店有一种长达一个月的促销叫“周年庆”

说起电商的大促大家应该都经历过的，各大平台每年你方唱罢我登场，各类促销不断，就仿佛菜市场里面挥泪大甩卖的吆喝似的。其中不乏各种超值商品，特价秒杀，搏了大家的眼球，也确实让很多真正的消费者获得了优惠。一般活动也就是一天或几天，而 1 号店有一种长达一个月的促销叫“周年庆”。

整个 7 月，全公司都处在一个紧张而又兴奋的节奏里，各种促销活动从促销页面制作，到促销商品选择，到商品入库，再到仓库发货，快递配送，整个电子商务全局供应链都在紧张中忙碌，为了给顾客带来更好的体验，为公司的业务增长能够站上一个新台阶而不停地高速运转。其中系统的稳定是重中之重，没有整个系统的稳定，任何一个环节出现问题都会直接影响公司业务。

为了准备2011年的周年庆，提前半年就开始立项，我们做了一件大事就是拆库，把之前唯一的核心数据库一分为五，根据数据使用场景和压力进行分库。非常庆幸我们在周年庆之前完成了数据库的拆分，支撑了业务的需要，从当时压力的情况来看，如果没有这次数据库拆分，是肯定无法支撑周年庆的订单量的。这对系统而言也是一次质的飞跃。

其中印象最深的是2012年的周年庆，欧洲杯决赛的那个凌晨，相信很多兄弟都会熬夜去看西班牙对意大利的决赛，而那晚我和一众负责前台页面展示的兄弟们一起鏖战了四十多个小时。为了给用户更多更好的购物体验，在大促当天上线的主页面上做了几百个展示橱窗加整点秒杀，而当时的系统以往最多的时候也就是使用过几十个促销栏位，于是便出现了部分浏览器打开速度缓慢的问题。为了解决这个问题，我们的业务同事非常努力。问题解决后我们引入了促销页面测试准入流程，以后的大促所有页面必须提前测试，技术确认后再上线，从那以后这样的事情就没有再发生过。从软件角度上说，这也许不是最强大的软件方式，但从互联网电子商务快速发展的角度来说，技术了解业务、技术与业务相结合，开发出合适的能够快速响应变化的产品是经济合理的方案。

有一个日子叫12·21

天猫的“双 11”、京东的“6 · 18”，相信这两个日子是大家最耳熟能详的了。而1号店也有个自己打造的日子叫“12 · 21”。

那是2010年的时候，随着1号店整体规模和整个电子商务行业的快速发展，单靠最开始起家的自营模式无法满足顾客的需要和在业界的竞争中获胜。1号店的商城模式“1号商城”快速发展，从入驻第一个月的几十家到目前的上万家。2011年的双11过后，我们的业务同事提出了要做“12 · 21”这个1号店商城大促节日的想法，主打全场五折，公司管理层很快就决定了支持这个想法，建立一个自己的节日。

这对系统的挑战是非常大的，需要我们在短短一个月时间，把系统承载能力提升几十倍。当时我们的CTO亲自挂帅，带领所有技术团队的负责人组成项目专项组，在当时硬件资源没有增加的情况下，确定了数据库历史数据迁移、缓存服务器调整、核心程序代码优化、性能测试保障、临时找供应商借部分硬件等一系列具体方案。我在这个项目中是项目问题跟进总负责人，在这个项目中我们创新性地提出了对每个事项都要有负责人和监督人，如果该事项没有完成到位，我们首先问责监督人，以此保证各项工作的按时完成，这样的方式我们一直沿用到之后所有的重要大促准备。当时最困难的点还是在于核心程序的优化，那时候我们整个系统Service化还没有做好，系统的水平扩展能力有限，核心下单流程的优化和性能测试就成了重中之重，我们的开发人员把整个性能测试环境搭在自己的电脑上。就这样一步一个脚印，很多同事加了一个多月的班，不断优化，最终在大促前两天，通过去事务的方式完成了性能测试，最终顶住了“12 · 21”当天系统的压力，让1号店的这个节日有了第一个美好的开端。

2012年的“12 · 21”就要顺利得多，系统Service化已初见成效，核心的库存和价格Service已经稳定且高效地提供着服务，核心业务流程已基本稳定。业务上的需求总是不会少的，这次给我们的挑战是一个抽奖大转盘，这个转盘可以抽抵用券，也可以抽到实物。第一期开发出来的转盘由于业务复杂，点击一次反馈时间要3秒，完全无法满足用户需要，通过不断的程序优化，最后通过去框架的方式优化完成，让转盘运转如飞。

“这次是真的秒杀，2012年12月21日在1号店可以1221元买iPad mini”，这是当时的推广宣传稿。那时候这个产品才刚刚出来，外面都要比官方价还要高，直接转让利益超过 1000 元。而这对系统来说是一次很大的挑战，这么大的利益很可能带来很多秒杀机器人，再加上真正抢购的用户，在抢购瞬间形成对系统的脉冲，导致系统出现问题。对此我们又临时准备了防秒杀器方案，一方面让真正抢购的顾客可以享受到优惠，另一方面也防止秒杀机器人对系统的冲击。21 分准点开始秒杀，用我们运维同事当天见到我的原话来说，“我从没见过系统一下子在监控平台上全部高负载报警”。虽有高脉冲，但是很快自行恢复平稳，整个系统的稳定性经过实际检验又上了一个新的台阶。

牛奶也疯狂

经常跟朋友聊天时大家谈起 1 号店总会谈到它的进口食品，尤其是进口牛奶，这是 1 号店重点打造的拳头品类。2014 年 3 月 18 日，我们搞了第一次牛奶吉尼斯，挑战 30 个集装箱的牛奶，预计在 4 小时内抢购完成。完全没有想到牛奶有这么疯狂，五折的牛奶以接近秒杀的速度被疯狂抢购，由于承载这块业务的技术处理能力不足，业务隔离也未做彻底，导致部分渠道用户大量出现访问不稳定的问题。对于已经发展到 2014 年的 1 号店系统来说，已经许久没有发生过这样的情况了。系统发展速度快，各个业务间耦合度也高，一旦有一个点出现问题，可能产生的影响就越发广泛。

针对出现的问题，最核心的还是优化程序，对相关功能做好压力测试和 Capacity Planning，明确各个系统之间的依赖和联系，并针对流量脉冲进行全链路优化。

3 月 18 日，网民用时 52 分 25 秒抢空 1 号店 30 个集装箱、总计 60 万盒进口牛奶，5 月 29 日，仅用时 5 分 47 秒 60 万盒进口牛奶就被抢完，比此前快了将近十倍。

大促常态化

随着电子商务业务发展和行业竞争，各类促销更是越发火热，不算固定的几个大促日和周年庆，每个月都会有几次全媒体（包括硬广告、软广告、互联网广告、社交广告等）的大促宣传脉冲。而且每次主打的卖点都不一样，选择的渠道也不一样，相对应的对口系统也都不一样。

市场行为的改变就给我们技术人员带来了更大的更具变化的挑战，从原来主要是核心下单高流量脉冲变成多应用系统多模块高流量脉冲的挑战，从原来每年几次里程碑大促脉冲变成常态化流量脉冲的挑战。

面对这样的挑战我们提出了大促常态化的概念，具体包括以下几个方面。

1. 首先应用必须要高效。所有核心业务以及相关链条上的应用都必须做好自己的 Capacity Planning，有水平扩展能力和容错能力。

2. 其次是访问链路优化。对产生脉冲流量的应用提前做好链路优化，从最前端的各种网络设备开始，到后面的软负载、反向代理、缓存、应用服务器、数据库等要全链路进行优化，并深入了解各个应用的依赖关系，有条件一定要做隔离和限速，保障在脉冲流量到来时既有宽敞的河道又不会影响到其他正常核心业务。

3. 再次就是有稳定的私有云系统。核心网络、带宽、数据库要有稳定的 HA 并有冗余，应用服务器要保持一定的后备资源，以私有云的方式可以快速稳定地进行资源调配。

4. 最后就是有一支了解业务又精通系统的稳定的支撑团队。互联网的人才是核心竞争力，可以在飞速变化的环境中不断调整、不断拼搏，采取合理合适的方式为业务保驾护航。

作者简介

邱仔松

十年互联网技术与管理经验，2010 年起在 1 号店先后负责技术部流程管理、商城研发和基础平台工作，在 1 号店亲身经历了电商业务与技术的快速发展历程；个人擅长换位思考和沟通。

从平凡到优秀

毕业前，要做些什么

学习、恋爱、游戏、打球、考G考托等，毕业前可以做的事情很多，在这里，我们聊聊在校生职业规划。

→不喜欢学习的专业，怎样选职业←

学生在校期间所学的专业与未来所从事的职业并不是必然对应的，职业的多样性选择才是生活丰富性的体现。保持开放积极的心态最重要的，多多借助互联网、书籍、学校、社会实践活动、社团交流等途径了解和决定自己未来希望从事的职业，逐步做好职业方向规划。

→职业规划需要注意哪些要点←

职业规划是一个逐步完善的过程，包括在校、就业、提升等多个阶段，因此在校生更多是进行就业规划，简而言之，包含几个点：

- 我的兴趣是什么；
- 我突出的能力是什么；
- 这项能力在社会（行业）中的价值如何；
- 未来的发展路径是什么。

不同时期，上述几个点都会发生变化。因此，保持对行业动态，特别是行业招聘信息的关注会有助于把握和调整自己的规划。

笔者当年分析了国内外行业动态，并且咨询了学长，同时参与了一些实践项目，最终选择了专业中的一个细分方向并认真学习，为现在的工作打下了坚实的基础。

有志于去创业的同学，更是建议提前进行规划与实践。现在互联网方向创业机会很多，也提供了大量的方法及综合信息，认真分析并尝试，是未来决策的一个重要依据。

→基础能力←

即便明确了职业方向，我们也需要大量的学习与实践，同时未来依然会存在很多不确定性，因此学好某个学科或技能也不一定就能“行走天下”。此时，通用基础能力反而非常重要，并且会让你长久受益。以下一些基础能力很重要。

- 注重方法论学习

方法论主要来自于思考与学习实践，它决定了我们看待事务的观点与方法，如知其然知其所以然、举一反三、多角度观察、分析归纳、保持好奇、拥抱变化等。良好的方法论让我们在学习、感情、事业、生活等多个方面受益匪浅。

- 沟通能力

不论是日常交流，还是工作中，沟通能力都是关键能力。沟通的核心是抓住要点。假如今后工作是售前相关工作，在与客户沟通过程中，倾听客户诉求，了解客户目的，宣介产品特性，解决客户问题，打消客户的顾虑，坚定客户信心等，都是建立在良好的沟通能力上的。主动学习相关知识，积极参与社群活动，通过持续锻炼，沟通能力将会显著提升。

有很多的专业书籍、视频可以帮助大家自学与练习沟通、演讲、交流；同时目前有很多针对沟通、演讲等相对专业的培训、训练营、兴趣组、社团，大家可以根据兴趣选择参与。

- 阅读能力

阅读是我们获取信息的一个重要方式。从知识结构系统化及获取效果来看，阅读各种书籍是最好的选择，同时也有利于整体阅读能力培养；阅读内容建议文理兼顾，不仅可以丰富文化内涵，而且可以提升技能水平；在阅读方法上，可以参考《如何阅读一本书》[①]，在挑选书籍时，可以参考很多图书销售排行榜，进行选择性阅读。笔者在工作中多次面对重大业务转型，在这期间，常常会通过快速系统化阅读来补充领域知识，并且有针对性地进行策略制定及实践，都取得了不错的效果

- 运动

良好的生活及运动习惯，不仅可以提升我们的身体素质，保持充沛的精力，而且也是一个对个人意志的磨炼过程，这对未来的工作生活都会有较大帮助。笔者在工作后意识到了这点，并积极减重二十余公斤，保持了常年的运动习惯，做事情较以前也更加投入与专注，其实，最容易改变的，首先是我们自己，运动并快乐着。

① 莫提默·丁·艾德勒，查尔斯·范多伦著. 如何阅读一本书. 郝明义. 朱衣译. 北京：商务印书馆，2004.

其他基础能力还包含兴趣特长等，这里就不一一展开。训练有素的基础能力，可以使大家更加从容地面对未来的变化与挑战。

→关于面试←

现在网络上有一些“面霸”攻略，对面试技巧及方法有详细描述，这里只是补充两点。

了解招聘企业、岗位特点与自身兴趣技能匹配度；做好详细的分析与评估，才是一个对自己及企业双方都负责任的做法。现在上网很方便，这些信息都比较容易获取，比如通过社交网络，积极展示自身兴趣与专长，并主动与目标企业官方账号、目标企业员工、目标行业从业人员进行互动与学习。笔者身边一些优秀的同事就是先从社交网络上互动并加入的。

自信：这是成功面试中最有效的保障。

工作了，既兴奋又迷茫

→新人一枚，如何迈开第一步←

新人入职，一般企业都会有配套的新员工管理流程启动：员工手册（一些帮助指引、规范制度、福利保障介绍等）、新员工培训与拓展、新员工导师制、新员工成长计划等；这些企业管理流程都会有助于新员工快速熟悉公司、业务及团队。

同时，业务部门往往会安排领域技能、知识、文档的学习与实践，结合一对一导师试用期全程的指导与帮助，新员工会很快上手业务，迅速融入工作状态。

以笔者多年经验，建议新员工不要害羞，谦虚主动，勤问多思考，多借鉴历史文档、资料、规范，积极参与团队及企业活动，踏实肯干，一定会成功迈开事业的第一步。

→工作太琐碎，刷不到存在感←

一些新同学刚刚工作后，发现工作琐碎繁杂，不是自己专业或兴趣所在，感觉索然无味。刚刚工作的新人，往往会先从基础岗位做起，逐步锻炼和积累经验，才能慢慢发现工作的价值与乐趣。

这里就需要充分发挥之前培养的通用技能之一——方法论来解决问题：

- 这项工作的目的是什么，客户/用户是谁，效果如何来衡量，对于团队或企业的价值如何；
- 为何要用这个方法、手段、流程来实施，其他老同事、专家、同行是如何解决的；
- 是否有可以优化、改进、提升的空间，具体是通过提升效率、改进方法、降低成本等哪些步骤来实现；
- 我参与这个工作的价值如何体现，我是否能够学习到更多，我能否在工作中帮企业积累下有价值的客户、知识、数据、专利等资产等。

很多企业的管理者都是从基层或助理岗位成长起来的，不仅业务能力过硬，而且大事小情都会处理得井井有条，这就是锻炼后的成长。

同时，心态调整也很重要，刚刚转换生活或工作的环境，往往需要一个适应期，就像一段飞行后倒时差一样，我们需要主动适应与调整。另外，对于结果的衡量标准也需要有所把握，天道酬勤，往往收获成果需要一个过程与周期，但勤能补拙比较容易阶段性看到效果，积极达观的心态对于未来成长会有很大的帮助。

→如何才能获得晋升←

持续践行上面两步的方法，假以时日，大部分新同学已经满足晋升需要的技能及业绩了，接下来如何才能获得晋升？

- 戒骄戒躁，持续践行：晋升与否不应影响到我们做事情的心态，因此心态持一是可持续发展的一个保障。
- 主人翁责任感，投入与专注：责任感与专注是晋升中考量非常重要的两点，如果是团队管理型晋升，这两点也是团队成员集体认同的重要因素。
- 关注业务领域发展与变化：晋升除了本领域业务或管理晋升，还包含跨领域晋升，比如由专业领域向项目管理方向发展等，积极发现机会与面对挑战。
- 团队协作：术业专攻，优势互补，互相帮扶，目标一致，是团队整体效率、创新、技能的综合体现，因此具备大局观，良好的团队协作能力也是晋升的重要考量要点。
- 业绩量化：主要是效果的数据量化，可以是自身与过去的改进对比，也可以是与行业的对比，还可以是口碑等。业绩量化过程，是我们制定目标、实施、检查、改进的一个优化提升过程，对于有效保障工作效果是有很大帮助的。

升职了，接下来该如何做

→新人心态←

新人心态包含了谦虚、主动、责任感、客户导向、专注、创新等核心要素。

晋升意味着企业对员工业绩的认可，也代表了员工以后的责任及挑战会更大，因此保持谦虚、积极、客户导向的新人心态有助于员工在新的岗位上从容面对挑战，并不断提升自身业务水平。

笔者团队内的一位资深系统架构师，是公司内首位晋升其级别的专业系统架构师，不论职位如何变化，他做事依然积极认真，待人谦逊耐心，保持良好的阅读及分享习惯，他多次提到的宝贵经验就是：新人心态。

→指导新员工←

可以申请作为新员工的导师，一是对于企业导师文化的传承，二是在帮助新员工成长过程中，可以发现自己的问题并作出改进。

也可以作为企业的讲师，针对新员工会遇到的一些问题，进行专项的培训讲解，这能帮助到更多的新员工。

→新任团队管理者要做些什么←

帮助团队成员制定职业规划，明确长远发展目标，进行培训与提升，全力发展与支持，是新任团队管理者重要职责之一。

笔者所在企业，员工被称为“最宝贵的财富”，这一企业内宣也一直在提醒着管理者身上的责任，并指引着大家继续前行。

→优秀的人就在身边←

未来的成长之路还很长、很精彩，除了向远望，我们还需要向周围看，向那些优秀的经理、主管、专家、同事们借鉴学习，其实，优秀的人就在身边，你也将更加优秀。

作者简介

张晓龙

新浪邮箱产品总监兼新浪研发系统架构部总监，资深系统架构师。十余年互联网技术从业经历，对于大型网站系统平台及运维、技术架构、移动应用开发、产品设计有丰富的经验，关注战略规划、技术创新、人才培养、商业市场、移动互联网等领域。

每个团队都是个小公司

每个团队都是个“小公司”，这里并不是说都是一个真正的公司实体，而是团队应该以一个“小公司”的心态去思考问题和做事情。这样的心态能够尽可能地摆脱以自我为中心的弊端，也能够将团队整体能力进一步提升。

作为团队 Leader 的你，其实是这个“小公司”的 CEO（运营的事情都需要你 Cover）、CTO（如果你是个技术团队的 Leader）甚至是 CFO（成本控制也是考验一个优秀 Leader 的必要条件之一）。而你的团队同事是一定意义上你的“雇员”，外部团队就是你的“客户”。至此，这个“小公司”基本构架已经完成，接下来我们一起讨论下怎么发展才可以让这个“小公司”活下去的几率更大。

树立公司品牌

这个“小公司”一定是先树立自己的品牌，这也是最重要的因素之一。品牌实际上是 Leader 和团队成员通过不断地做事和对问题不断地改进逐渐形成的。渐渐的，通过一起讨论、一起制定计划、一起攻克难关等措施树立起对这个“小公司”的自信心，一起为了一个目标而竭尽全力。同样，对于外面的“客户”，你这个“小公司”的做事风格、待人态度、认真程度就是你的品牌。市场是残酷的也是无情的，对于“客户”来说给你这个“小公司”的忍耐是有限的，没有一个“客户”能够忍耐你这个“小公司”待人傲慢、做事懒散、粗心大意等不靠谱的行为。

尤其作为 Leader，在“客户”夸你的时候要把功劳分给你这个公司内的同事，让同事们的知名度在“客户”面前逐渐提高，才能对你这个“小公司”的品牌良性循环起来。在“客户”骂你的时候，你这个 CEO 更应该冷静下来看看是否你这个“小公司”出了问题（你没见过哪个公司的 CEO 和“客户”对骂的吧？），根据二八法则，80%的问题都是自己没有做好，而这些问题真正解决也许只会占用你 20%的精力。我相信在你冷静的思考后，你的积极解决问题的态度和靠谱的解决方案肯定会让“客户”们满意的。

定期询问已做事情的反馈也是必要的，起码让“客户”们觉得你这个 CEO 还在想着他们，真心觉得他们的需求重要。互联网的好处在于这种沟通已经可以月多种方式进行，剩下的就是靠你的主动性了。

人员管理

对于任何一个公司来说，最重要的资产就是人，没有其他。所以对于人员的管理也是至关重要。本人对于人员管理的理解是轻管重理。这个理是包含相互理解和帮同事们梳理思路或者工作的意思。首先，一定要相信你的团队成员，不管你是空降兵还是老员工，做到了管理这个位置上，有了信任的基础，才能有坦诚相待的氛围。等你可以完全授权同事做某件事的时候，说明你们之间的信任基础已经建立起来。当然，你会说有的同事比较难沟通，对于这样的同事，我认为你这个 CEO 这个时候就应该主动放下身段去多次尝试，说明双方的共同利益（如果你看过《纸牌屋》里面 Frank 的做法的话）。没有人希望将有限的生命天天浪费在办公室政治这些事情上，最终的结果不一定 Perfect，但一定比你什么都不做要好得多。

其次，你这个CEO需要时时刻刻观察，一方面是同事们的工作状态和工作士气，另一方面观察可培养的同事，未来能够成为这个“小公司”独挡一面的人才。这样的同事应该多赋予有挑战性的工作，当这些核心人员认为在你的这个“小公司”里面是幸福的时候，你的这个“小公司”已经算稳定了一多半。

最后，建议你引入导师的制度，从这个新同事一进入你的公司，就需要安排个核心人员作为他的导师。一方面能够增进感情，让新同学不用那么紧张，能够快速融入到工作中（当然，书面的培训材料也是需要具备的）。另一方面，这个导师也能全程跟踪这名新同事的工作状态及发展情况，为他的职业规划能够提出有效的建议。

人员管理方面还有一条我认为是非常重要的，尤其对于Leader来说，任何奖惩一定要做到对事不对人，在工作中不能带一点个人感情，否则没法做到一碗水端平的话，任何工作想要开展就不是那么容易。对于Leader本人来说，抛弃官本位的思想，你这个“小公司”共同成功才是真的成功，你也只是工作中的一员。

成本控制

成本控制我相信是大部分团队Leader会忽略的一个点（实不相瞒，我原先也忽略过），因为大部分人不是专业的财务出身，所以重心可能更偏自己擅长的地方。但是纵观全球比较知名的公司，没有一家是对成本控制很差的。这里面有个比较重要的原则是投资回报比，不管是有形的效益还是无形的效益，我们都应该看整体的投入是否能够得到合理的产出。

成本的意识一定要在你这个“小公司”自上而下地灌输，而且是要从规模小的时候就应该拥有的意识，一方面避免资源浪费的情况，另一方面避免同事们形成买东西是公司花钱，花多花少和自己无关的消极意识。

建议各位在做一个事情或者项目之前，能够自己先制定一个简单的财务报表，支出详单（包括人员工时成本、设备 Capex 成本、Opex 运营成本等）和预估收入的对比，你就会很容易判断这个事情是否值得去做。

决策依赖数字

作为这个“小公司”的 CEO，做任何决策都伴随着风险。小到一个任务，大到一个项目，你的决策会影响着团队下一步的方向，如果决策出现重大失误，就会导致你的团队白白浪费时间，你自己也有可能信心全无。

审计行业有个口头禅叫“不 re”。“不 re”，是“not reasonable”的简称，也就是“不合理”，不符合常识。意思是无法通过理性数据进行合理解释。用数字说话非常重要。因为有些事情正确与否，并不是从概念上就能看出来的，你得实际计算一下成本、收益分别是多少，才能做出结论。只有数字，才能告诉你答案。

举一个简单的例子，你为一个项目做采购计划的时候，拍脑袋要求采购 100 台服务器，那么你的 VC（也就是你的老板）看到后，会问你依据是什么？为什么流量和 PV 没有明显增长的同时需要买这么多服务器？这里面的服务器配置组合的依据是什么？这些服务器可以承担多少访问量？预计使用周期是多少？真正好的 CEO 在问这些问题之前，可以依据自身的监控系统和数据分析能力提前拟写报告，将感性决策转变成理性决策。

对于 Leader 本人

首先，作为这个“小公司”的 CEO，你一定要时刻想着你是什么样子，你这个“小公司”就是什么样子。你是执行力强的人，你的团队就会是执行力强的团队。你是个爱扯皮的人，你的团队也会爱扯皮。你的风格会影响整个团队。

其次，心态是最重要的，这也是好的CEO和一般CEO明显的差别。借用一句广告语，没有不可能完成的事情。焦躁和不冷静的CEO做出的决策会让团队的风险系数加大，遇事冷静能够从大局着想的CEO会为这个团队带来更多的机会。所以建议大家不要浪费自己的时间，少点扯皮的功夫，提高自身水平，提高团队水平，为“客户”更好的服务才是最重要的。

最后，当今的互联网是一个变化最快的行业，你这个CEO需要经常自我Review，总结自己的过与失，总结自己哪方面能力需要提高，团队哪方面需要提高，与你的团队成员进行密切的反馈交流，共同进步。

好吧，希望以上的内容能够帮到你这个CEO，相信你一定会把你这个“小公司”带向成功。

作者简介

孙斌

去哪儿网运维总监，原雅虎高级网络架构师，在互联网8年的经历收获颇多，坚定认为运维和IT是公司未来核心竞争力之一。

进化

Evolution

互联网生涯的三种境界

国学大师王国维提出做学问有三种境界：(1) 昨夜西风凋碧树，独上高楼，望尽天涯路。(2) 衣带渐宽终不悔，为伊消得人憔悴。(3) 众里寻他千百度，暮然回首，那人却在，灯火阑珊处。我虽不敢妄称自己到达了其中哪个境界，但我认为这三个境界应该是一直孜孜不倦追求的。

昨夜西风凋碧树，独上高楼，望尽天涯路

这词句出自晏殊的《蝶恋花》，原意是说，“我”上高楼眺望所见的更为萧瑟的秋景，西风黄叶，山阔水长，案书何达？在王国维此句中解成，做学问成大事业者，首先要有执着的追求，登高望远，堪察路径，明确目标与方向，了解事物的概貌。

坦白讲，我本人从一个门外汉到开始学习技术，再到对互联网技术概貌有所了解，经历了相对较长的时间。

虽然作为一个理工男，上的也是理工院校，但是本科学的并不是计算机专业，大学四年很多时光献给了打篮球、看电影、玩游戏了。从小到大一直在相对还是不错的重点学校，学习成绩虽不名列前茅也相对优秀，但是本科四年对计算机的相关基础课程了解得少之又少，基本上可以算得上零基础。大四考研的时候本来报的是本专业研究生，谁知误打误撞上了个软件专业的研究生。研一上课的时候发现老师所讲的专业课根本不讲基础知识，直接讲高阶内容，在老师看来这些基础的知识应该在本科的时候就已经掌握了，看着别的同学听得津津有味，对于我这个外专业零基础的学生来说像是听天书一般，十分痛苦。我一面自学基础课程，一面坚持听老师的课，但事实上收效并不是特别好，要想真正理解技术的精髓是很艰难的。

记得研二的时候，在神州数码的一个开发政府项目的项目组实习，我负责开发一些简单的 JSP 和 JavaScript，虽然在别人看来难度并不是很大的工作，但对我来说是巨大的挑战。由于自己争强好胜，从小到大学习还相对优秀，但是计算机基础知识相对薄弱，以前也没有什么开发经验（书本上的知识和实际动手开发还是有很大差距的），可以说每天内心都极其煎熬。记得当时非常自责，甚至有些逃避，每天都希望倒头睡去不愿面对这一切。

在自尊心和现实差距的煎熬下，我决定退出这个项目组的实习，于是我开始深刻反思自己。当时的我是不能和其他本专业的同学比的，确实不能像他们一样自如地开发和实习，必须承认自己的能力上有差距的现实，要理智看待这个差距。于是我给自己暗暗设下目标：在硕士毕业前不和任何人比，我自己努力补足计算机专业各方面的专业知识；毕业后的 3 年内，通过工作实践和自学，争取追上同学们；毕业后的 5 年，学习高阶技术，争取超过一部分同学的成就。有了这些目标，我平心静气地开始了自学之旅，研二的时候有半年不参加任何实习，努力旁听一些计算机本科的课程，剩余的时间就是抱着各种基础书籍自学，HTML、数据库、Java 开发的各种基础书。《Thinking In Java》这本 600 多页的书前前后后通读了三遍，一遍看不懂就看两遍，两遍看不懂就追着同学请教。在学校的 FTP 学习空间里下载各种教学视频，记得当时最爱看的张孝祥老师的 Java 教学视频不仅讲知识更注重实际开发应用，如今看来获益匪浅（希望张孝祥老师在天之灵能够感动欣慰）。通过半年的自学，确实补足了很多知识，同时自己也动手练习开发一点小程序，再开始实习发现能够基本胜任工作安排了，自己也建立了一点点小自信。

衣带渐宽终不悔，为伊消得人憔悴

这引用的是北宋柳永《凤栖梧》（《蝶恋花》别称）最后两句词，原词是表现作者对爱的艰辛和无悔。若把“伊”字理解为词人所追求的理想和毕生从事的事业，亦无不可。王国维则别有用心，以此两句来比喻成大事业、大学问者，不是轻而易举随便可得的，必须坚定不移，经过一番辛勤劳动、废寝忘食、孜孜以求，直至人瘦带宽也不后悔。

带着通过自学得来的一点点小自信和对未来的忐忑，毕业后我加入了一家中型通信行业的公司，负责企业项目的开发。幸运的是，初入公司的时候有一个好“师父”带我，师父很耐心也非常乐于把自己的知识倾囊以授。正是那段时间自己拼命的学知识，每天晚上下班回家都会看 3 个小时的技术书，周末也抓紧一切时间自学，我总是暗暗告诉自己学通这本书以后工资能加 500，看通那本能加 1000。再加上工作中得到师父的指教，我进步神速。

在公司工作了大约 9 个月左右的时候，公司改组，部门领导更换，新任的领导把整个部门原有的人员都换掉，进行了一次大换血，于是我被换到一个新的部门。换到新部门后，新部门的领导要求换过来的员工先试用 3 个月，仅发 80%的工资，我的工资由 5000 变成 4000 了，内心很是不爽和委屈。作为一个刚毕业不久的学生来说，第一次体会到了企业的残酷。我带着内心的一股不服，拼命地自学，在工作中努力表现想证明自己，事实上 3 个月后部门领导看到我出色的表现不仅按照承诺恢复了我 5000 元的工资，而且在此基础上给我又加了 1000 元，这样工资一下变成了 6000 元。

虽然如此，但我并没有接受，而是选择跳槽去了搜狐，人生第一次跳槽，跳到了一个互联网公司。在搜狐，我的知识面得到了充分的扩充，而且能够肩挑一些责任，独立负责系统的开发。在搜狐的几年间，先后参与开发了搜狐的CMS系统、搜狐广告投放系统、搜狐奥运系统、“白社会”SNS产品，真正的接触了互联网的开发，我得到了充分的锻炼和成长。对于互联网开发不是简单的完成功能，要考虑海量用户的访问带来的服务器高并发，并要通过技术手段缩短每个并发响应时间（当时要求所有请求必须在100ms内完成），从而让服务器承担单位时间内的更多并发。这种高并发要求不能像企业级开发那样完全依托数据库的访问，这就必须使用缓存技术。在2007—2009年那个年代，Memcached无疑是最好的选择，而且通过把动态数据静态化能够大大地支撑不常变化数据的访问，而且 Nginx 的静态服务器能够负担的并发量远远大于Resin或是Tomcat这样的动态服务器（Nginx的支撑并发大约是Resin的20-40倍），这些知识和手段是书本上学不来的。在搜狐的几年间，我学到的不仅是技术知识和经验，学到更多的是规范。搜狐作为中国第一批互联网公司，整个公司的运作规范和每个小组的技术规范都是值得每个中国互联网企业学习的。这些规范对于初入职场的年轻人是十分宝贵的，一个好的规范造就了未来职业生涯的思考和做事的习惯，我强烈建议初入职场的同学一定要来像搜狐这样的有很好规范的大企业来工作。搜狐也无愧于互联网“黄埔军校”的名号，培养出无数知名互联网企业的巨头人物，优酷的古永锵、爱奇艺的龚宇、千橡的陈一舟、酷六的李善友等都出自搜狐。在搜狐这所黄埔军校中我得到了充分的锻炼，技术、业务、思维模式都有了很大的提升，受益匪浅。

众里寻他千百度，蓦然回首，那人却在，灯火阑珊处

这是引用南宋辛弃疾《青玉案》词中的最后四句。梁启超称此词“自怜幽独，伤心人别有怀抱”。这是借词喻事，与文学赏析已无交涉。王国维已先自表

明，“吾人可以无劳纠葛”。他以此词最后的四句为“境界”之第三，即最高境界。这虽不是辛弃疾的原意，但也可以引出悠悠的远意，做学问、成大事业者，要达到第三境界，必须有专注的精神，反复追寻、研究，下足功夫，自然会豁然贯通，有所发现，有所发明，就能够从必然王国进入自由王国。

在搜狐工作 3 年后，我为了爱情离开了搜狐，结束了我和当时女友（现在的老婆）的远距离生活，我辞职去了美国和女友团聚。在美国休养了几个月后，我们一同回到了祖国，我加入了刚刚成立不到 1 个月的奇艺（现在叫爱奇艺）。记得刚入职奇艺的第一天，上午报到，下午就加入了封闭开发项目组。在封闭开发的 2 个月的时间内，我架构了奇艺的 CMS 系统（奇艺的所有网页都是用 CMS 系统发布的），并独自完成了 80%的代码开发。在而后的 2 年间，我带领 CMS 团队不断钻研，不断改进，坚持不懈地努力把奇艺 CMS 系统在用户操控性、系统性能、系统功能多个方面打造成国内数一数二的 CMS 系统。当然那一个个不眠之夜，甚至通宵达旦地加班，现在回过头看看是值得的。在奇艺的 2 年，在视频互联网方向积累了很多经验，我也从一个工程师成功转变成一个 Team Leader，考虑的不仅仅是技术的问题，更多的要考虑管理和协作，以及整个 Team 共同目标的达成，管理能力也得到了充分锻炼。奇艺也凭借其良好的产品体验和优质内容，迅速成长为中国第二大视频网站。

在中国互联网高速成长的时代，视频成了互联网最受关注的方向，在 2011 年年底，我看到互联网电视的巨大潜力，我毅然决然地离开了奇艺，加入了当时知名度并不高的乐视。也许在别人眼里，当时的奇艺是高帅富，乐视是低端屌丝上不了台面。我加入后，是负责乐视的互联网电视中最重要的应用“乐视 TV 版”看视频的应用，经过我们这个部门不断的努力和创新，乐视电视在 2 年间成长了中国第一的互联网电视品牌，互联网电视销售量超 100 万台。我们部门开发的“乐视 TV 版”应用除了植入乐视自有品牌电视，还植入其他知名品牌的互联网电视，我们开发的应用总激活量超越 500 万，成为了国内第一名的互联网电视应用。这些骄人的战绩后面是整个部门的不断努力，在乐视的 2 年间我没有休息过任何一个周末，而且每天的平均工作时间都在 12 小时左右，用自己的努力见证了互联网电视的兴起，并欣喜地站在浪潮之巅。

看到这里你发现我“又”跳槽了，我在乐视工作了 2 年后加入了一家创业型的公司，同样也是视频互联网方向，虽然这家公司不大，虽然很多事情都很初级，有很多任务要做，但我乐在其中。就像高晓松先生说的“人不仅要有当下的苟且，还要有诗和远方”，我在路上，奔向未来的路上。

我想看了我的经历以后，你会发现我除了不断通过自身的努力前行以外，还是一个不安分守己的家伙。互联网圈跳槽频繁是普遍现象，关于跳槽、人际关系以及换工作我想说几句，我选工作有三条标准：1.看行业，一定要选朝阳行业，一定要有长途的发展前景，视频互联网就是这样的行业。2.看公司，公司要有一定的企业文化，能够通过良好的管理创造合力，公司的方向一定要有成长空间，最好是一个快速成长中的企业，我之前的这几家都是。3.看老板，我指的是直属老板，人要正直，最好能够培养下属，当然这个是可遇不可求的，看运气啦。

希望我的亲身经历能对大家有一些帮助，我也希望每一个从事互联网技术开发的人能够迅速成长，达到自己内心的彼岸。

作者简介

苗壮

土生土长北京人，硕士毕业于北京理工大学，互联网技术老兵一枚，互联网服务端开发资深专家。10 年间一直从事互联网技术开发和管理工作，先后供职于搜狐、奇艺、乐视等国内知名互联网企业，并架构开发多个大型互联网底层服务端系统，现任东方嘉禾文化发展有限公司技术产品总监。

职业素养中的品德细节

作为一个技术人员，一谈到职业素养，可能更多的是联想到专业技能。可是在漫长的职业道路上，除了专业的职业技能外，还需要加上职业行为、品德、作风才能得到在职业过程中综合品质的评价。

前段时间，在一本书中看到这么一个词“思维定势”，从中获得了很多的感悟。思维定势（Thinking Set），源自于人类大脑本能反应的一种能力，在近代不断地被许多的“思想家”、“管理学家”所关注。究竟思维定势是指一个什么样的行为或习惯呢？

这里有一段较为全面的解释，它是由先前的活动而造成的一种对活动的特殊的心理准备状态或活动的倾向性。在环境不变的条件下，定势使人能够应用已掌握的方法迅速解决问题。而在情境发生变化时，它则会妨碍人采用新的方法。

其实早在公元前 300 多年的中国，老祖宗也给我们留下了一个通过思维定势的转变而收到奇效的故事，就是田忌赛马。故事中的孙膑献计田忌，用其下等马对付众上等马，上等马对付众中等马，中等马对付众下等马，三场比赛后以两胜一败赢得了全局的比赛。

但在这个物欲横流和道德缺失的年代，也不乏有通过转换思维来达到自己获利的现象。2013 年 2 月 20 日国务院出台了近年来对房价调控较为严格的"国五条"。很多人都嗅到了"国五条"对现在的房产交易市场带来的寒意，就催生了离婚市场，仅 3 月离婚率便较往年提高了三成。多年以后，我们的婚姻誓言是否也会改为"你愿意娶这个女人吗？爱她、忠诚于她，无论贫困或者富有、健康或者疾病直至死亡，即使你们因为买卖二手房而暂时离婚，再和别人结婚，再和别人复婚，也不离不弃、忠贞不二就像从来没有分开过，你愿意吗？"。

在西方圣经新约中，耶稣在马太福音第 19 章第 9 节中曾说过"凡休妻另娶的，若不是为淫乱的缘故，就是犯奸淫了，有人娶那被休的妇人，也是犯奸淫了。"这可见契约婚姻的神圣。而在现今，大家可以为了蝇头小利违背契约。回过头来，咱们看上一个"田忌赛马"的例子，这流传了千年的故事实际上是在赞美玩弄规则，《史记》中对此类赛马比赛的规则记载的不是很清楚，但在民间传说中，赛马是有先决条件的，必需上等马和上等马比、中等马和中等马比、下等马和下等马比。单看此赛仅输赢千金，并没有到你死我活、亡国灭种的地步，但孙膑本能地献计田忌，使其利用对手的信任，玩弄了规则。

一百二十年前（1895 年《直报》），著名的国学大师严复，在《救亡决论》中曾提到过这么一句话"华风之弊，八字尽之，始于作伪，终于无耻"。从现在看来严大师还是很有先见之明的。

在这里我也整理了几点，送给职场的技术伙伴们。

1．以诚实信用为原则处理每一件事。

2．以正面、积极的态度响应伙伴的每一次需求。

3．用最热情的"服务"使团队成员满意。

4．对事物保持好奇心，并不断地学习、汲取新的知识。

5．保持内心平和、努力克服激动情绪带来的障碍。

6．坚持为自己付出的每一件事画上完美的句号。

最后在提倡不断学习新专业技能及作事方法的同时，我们也应该放慢脚步等待自己灵魂的升华。

作者简介

钱武星

在十几年的互联网行业的拼搏中，积累了非常丰富的经验，可称的上是骨灰级互联网从业者了，同时见证了中国互联网里各大公司的潮起潮落。2345.com 创始团队成员之一，从无到有打造了所有 Web 网站、后台系统、内部 OA 系统，从技术平台规划、编码实施到最终的部署使用，工作涉及开发、质控、运维等整条技术产业链。在活跃思维的驱动下，提倡标准化管理的技术运营理念，使得整个团队在工作效率、安全、技术指标等方面领先于同行业公司，独立负责过大大小小近百个 Web 项目的研发。

进化

Evolution

十年随想

毕业于非典之年，工作了十多年，就职过三家公司。第一家公司是一家传统制造企业，工作内容是在公司研究所负责电气控制部分，画电路图、PLC 编程等。初入职场，专业也算对口，过得比较充实。一年之后，开始考虑以后到底要做些什么的问题，按流行的说法叫做先就业再择业。由于一直对软件开发感兴趣，还是想转行到软件行业。注意到软件测试的职位，当时软件测试是一个新兴职业，考虑到未来发展和个人兴趣，就开始不断关注，学习相关的知识，后来通过面试进入了第二个公司尚阳科技，做软件测试工程师。当时测试部门经理是从美国回来的测试专家，所以我在那接受了比较专业的测试方面的理论和方法，从此踏上了测试之路。一年之后，风行网成立，首创了全球第一款“边下边看”软件“风行”，我也有幸在初期就加入了这个创业团队，并一直工作至今。人的一生如果不考虑自己创业的话，可能很难有机会能够亲眼见证一个公司的诞生，并跟随她一起发展壮大，一起体会这个创业的激情与希望、欢乐与痛苦、困惑与迷茫，点点滴滴是任何东西也无法替代的。

回想十年，从毕业到工作，从校园到社会，在互联网的大潮里，在激情的创业团队中成长，这里记录下点滴感悟。

关于职业规划

要不要有职业规划，或者要不要有人生规划呢？在我看来，所谓规划，只是一个不断认识自我、不断选择的过程。我的第二份工作是选择了一个行业，第三份工作是选择了一个团队，能够跟随一个团队一起成长是幸福的。每个人心中实际上都是有规划的，或清晰或模糊，都是在一个寻找的过程。竞争激烈的互联网，时时刻刻都有新的创意产生，无数新的公司诞生、消亡。选择互联网，就选择了精彩的人生，身处其中的任何职位，都有无穷的可能性。

提升个人管理能力

不积跬步，无以至千里。作为一个互联网技术人员，技术是基础。对于自己的专业技术，最重要的是能从中发现乐趣，否则技术就会变得很枯燥。我最初选择测试职位的一个重要原因就是，测试的思维模式对未知事物强烈的好奇心、发散的思维、逆向思维，通过破坏的方式找到软件的缺陷并最终定位问题，中间获得强烈的满足感。开发工程师们，你热爱编码吗？运维工程师们，当你操控着庞大的线上集群，提供高可用的服务时，兴奋吗？互联网技术发展很快，不断有新的技术产生，只有乐趣才能保持不断学习的动力。

技术之外，软技能也很重要。

你总觉得自己的时间不够用吗？“时间管理”让我们更加有效地应用自己

的时间并提高效能。

为什么沟通完没有效果呢？“有效沟通”让我们掌握一定的沟通技巧，让沟通更顺畅有效。

工作生活中总有些困难和困扰却又不知道问题出在哪儿？“金字塔”原理给了我们一个分析问题的方法。

这些软技能属于个人管理的范畴，都是在指导我们如何管理自己。管理自己，是一切管理工作的开始；管理自己，是每个人一生都不能停止的工作。

做一个能够解决问题的人

随着个人综合能力的提升，他必然承担更多职责，互联网公司的管理岗位很多都是从技术线骨干提升起来的。这中间会有角色转换的阵痛，如果大家有意识的去提前学习一些管理知识的话，这个过程会比较顺畅。这时候我们就会对一个问题有更清晰的答案，作为团队领导，我需要是什么样的人？公司希望我是一个什么样的人？在风行工作的初期，我已经是团队的 Leader 了，有时我会向领导“反映”一些问题。后来想想，其实可能主要是在“抱怨”问题，因为我没有提供解决方案。明白了这点，再发现问题，就是先想有没有解决方案了，有了方案就去推动解决，这样做事的方式才发生了根本的改变。创业公司初期没有太多的条条框框，其实给了我们更多的灵活性，给了我们发挥个人主观能动性来发现问题、解决问题的机会。近几年流行的敏捷开发、精益思想和管理的扁平化，都对每个人提出了更高的要求，主动发现问题并主动去解决问题，才能发挥我们更大的价值。

练习成就卓越

练习，就是有意识的用正确的方法做正确的事。记得读《程序员的职业素养》[①]读到练习这一章时，当时十分“震惊”，程序员不都是一群天才吗，天才还需要做那么基础、那么枯燥的练习？其实想想，这都是错误的归因造成的，比你优秀的人还比你更努力，才是最可怕的。对于我们所擅长的技术，会发现我们是在不断地使用和试验中，加深了对这项技术的理解，并把它应用的更加深入。技术人员通常在技术上做了大量练习，在软技能方面花的时间远远不够。比如“有效沟通”，我们在各种场合、各种培训都听过很多次，我们也都认同沟通很重要。公司内部、项目内部很多问题的根本原因都是沟通不畅，但是问题总是还在。而关于沟通的解决方案都是有的，沟通中有各种小技巧，需要有意识的练习才能掌握，重复的练习才能形成习惯。又如，我们敬仰的演讲天才乔布斯，其实在每次上台前也是经过了大量的练习、修改、再练习、再修改，才在最终呈现给大家完美的演讲的。明白了这些，剩下的就是有意识的去练习了，有时需要给自己一点点压力，因为做出改变是是需要决心和勇气的。

人生就是一个不断修炼的过程。中国互联网发展二十周年，产生了多少的奇迹，如今的互联网正在以空前的广度和深度影响我们的生活。我所在的团队：风行网，正在以前所未有的决心和勇气影响并改变着整个视频产业的格局。我的互联网十年生涯刚刚过去，新的挑战才刚开始。生命不息，奋斗不止。身处互联网行业，视频行业的竞争更是如火如荼，我对未来充满信心，充满期待。

---

① Robert C. Mantin，章显洲译. 程序员的职业素养. 人民邮电出版社，2012.

作者简介

王会东

毕业于北京邮电大学机械工程自动化专业，多年测试工作经验，对需求分析、测试理论、测试方法、自动化测试、性能测试有较深入的理解；2005 年加入风行，负责产品测试体系搭建、测试方法改进、测试团队管理；现任技术总监，同时负责运维团队管理工作，包括 CDN 建设、完善运维体系、推行运维自动化等工作。

进化

Evolution

OKRs 在 J 公司

先从战略管理谈起

咱们先不谈 KPI 也不谈 OKRs，因为这都是对战略目标执行效能进行衡量的考核方法，所以我们先得谈战略目标是怎样来、怎样落地执行，然后才能谈到战略目标达成效能的衡量。

战略目标怎么来？这就涉及到企业的使命、愿景、蓝图。就如同德鲁克在《管理的实践》[①]中一开始就提问：我们的事业是什么？我们的事业将会是什么？我们的事业应该是什么？也就是说，我们到底想成为什么？

西方流行的创业说法是贵族式的，是希望通过众人资源整合的力量达成社会乃至人类的价值，而现实中国内创业多半是穷人翻身挣钱。所以对德鲁克这三个震耳发聩的厉问，很多企业主都无法从容直视和回答。

处于全球供应链和消费链中的中国，虽然我们很多企业的业务尚未走出中国走向国际，但在全球资源、货币、金融资本、贸易冲突、军事冲突、科技创新、

① 彼德·德鲁克，齐若兰译. 管理的实践. 机械工业出版社， 2009.

全球化以及本地化的多种因素影响下，我们已经无形置身于全球化当中。我们已经发现，即使在自己这一亩三分地跑马圈地，也已经受到大时代大社会的剧烈影响。这就逼我们必须回答，至少要回答在未来 3 年内，我们到底要在业界站到什么位置上，要形成怎样的业界格局。否则我们的竞争牌权将一直在别人手中。

这几年，客户零距离关系互动也在微博、微信这些先进的互联网工具上应用，企业市场竞争情报也在社会搜索技术、大数据统计分析技术的支撑下开展。这些最终客户情报、业界情报为企业制定战略提供了可靠全面真实及时的信息。而且这几年战略地图、业绩梯队、平衡记分卡这些管理方法论也开始在国内流行，为企业制定战略提供了体系性的方法指导。

综合客户情报、业界情报，结合我们的未来 3～5 年使命、愿景、蓝图，组合我们目前手中的产品资源、营销资源、人才资源、财务资本资源、管理能力，我们可以对我们的市场目标、财务目标得出现实的战略目标期望。基于我们的战略市场目标、战略财务目标，我们站在企业顶层，重新组织、分工、整合、调度企业的所有关键资源（产品、营销、人才、资本），以推进战略目标达成。

整合企业所有关键资源，要做哪些关键布局站位的动作呢？这就需要把战略目标落实到行动解决方案。如何创造性做哪几件关键的大事可以兑现达成战略目标，这就是行动解决方案。为了能把大事落地执行，就需要为每件大事进行项目制运作，有项目目标与范围、项目组织、项目时间/里程碑、关键成果达成/标准要求/责任人、项目评审、项目检查、项目验收/考核/奖罚。这就是战略目标分解成行动解决方案，行动解决方案再细化到战略项目计划的过程。

认识 KPI

KPI（Key Performance Indicator），即企业关键绩效指标。KPI 也讲究关键

事、关键人、量化。

有人将 KPI 的量化妖魔化（如绩效主义害死××），因为很多事很难快速找到可量化的方法和数据证据，因而片面地说 KPI 不适合当今。其实，KPI 的考核只是倾向大家能量化的尽量量化（这和 OKRs 导向一致），如果不能很好量化的可以采取客户评价或上下游评价的 360 度评价方式。即使在 OKRs 方法中，也推荐 SMART 方法：具体、可度量、可实现、关联性/系统性、有时限。

有人讲 KPI 基于历史发展背景，所以 KPI 是基于价值链、关键流程/关键活动的，而现在企业组织、流程随竞争而临时组合，所以 KPI 失去了基础。但其实 KPI 也是与时俱进，近年来推荐以平衡记分卡的方法来评价 KPI，让财务业绩、客户满意度、能力成长同步发展。而且 KPI 也是倾向于成果质量进行衡量，并非只是对“事情做完了”进行衡量。

有人讲 KPI 主要是对人的考核，而 OKRs 主要是对事的结果进行考核，这也是一个误解，因为在 KPI 的各种文档中都未看到这种明确指向。事是由人做的，事情是支撑战略的，但由人（团队）负责兑现的。事情成功不成功是最直接反应战略成败的，要复盘总结事情失败，当然需要分析各种因素（也包含人和团队的因素）。事情成功，也会对团队和突出骨干人进行奖励。

有人讲 KPI 限定得太死板，这会失去企业的创造力。创造就要心情舒畅、好奇驱动、愈钻愈深、得出成果。但设立 KPI 的目的并不是为了可控，而是提供明确的目标导向牵引。企业有限的资源、明确的战略目标和卡位，必须要有导向明确的可明白衡量的 KPI 作为目标牵引，才能有效整合企业资源产生巨大效能。

不少企业不少人连 KPI 都没有深刻理解，所以走入了 KPI 误区，还说 KPI 不适合自己不适合现在。

但我们再反思，难道 Google、Facebook、Intel 这些知名企业也对 KPI 认识有误区？他们为什么还觉得 KPI 不适合自己而另外使用了 OKRs 方法呢？

这就需要我们再次回到战略目标、战略管理这个源头来寻找答案。

我们知道战略目标是基于对客户、业界竞争格局、自己的使命愿景蓝图、自己手中的资源的综合洞察思考与决策制定下来的，又经过行动解决方案分解成战略项目，再层层分解到关键任务关键人身上。这是一个稳定的、体系联动的、可知可控的方法。

但如果我们从事的是一件全人类都没有从事过的事，如果我们已经是业界领头羊我们要引领业界引领客户引领未来想象，如果我们想小步快跑敏捷探索茫茫未来，我们该怎么办？

我们没法预先绘制蓝图，我们也不能搞沉重的体系联动，我们不会预知我们能达到什么。我们能做的是：做一些我们认为对的事，对这些事的关键成果有衡量，短周期的衡量和决策来决定下一步。

对，这就是 OKRs 产生的背景，它适合于创造性（非创新性）的研究（非研发），它适合于业界“领头羊”的企业。

所以我们要不要用 OKRs，要在哪些部门哪些人身上用，它都有适合的场景。同时 KPI 也并不过时，无须一个企业所有部门应用一种结果效能衡量方法。

认识 OKRs

OKRs，Objectives and Key Results，即目标与关键成果。从名字上并不能看出与 KPI 的重大区别，因为 KPI 也讲究目标牵引、关键成果评价。

来看看 OKRs 的工作方法：

1. 从年度 OKRs 分解到季度的 OKRs。每季度评定一次，过程中可随时（通常是每月）进行 Update 与 Review，直接责任领导批准即生效。

2．从下到上讨论。但从上到下分解（一级部门、二级部门、团队和小组、个人）。要聚焦支撑公司级战略和部门级战略。

3．关键性结果设定要明确，评价指标需要尽可能量化而且尽可能简单数字量化。成果设定不要太多，要能直接主力支撑目标。

4．目标设定尽可能高绩效期望。目标设定不要太多，要能直接主力支撑战略。

5．所有人的 OKRs 在组织内全公开，同级之间可以互相评价。

但从这些方法来看，我们也很难看出 OKRs 和 KPI 的显性关键区别。

我们需要深刻看到这一点：OKRs 方法讲究的是目标，而 KPI 却核心关注的是结果，而且把结果转换为衡量指标。这就容易出现两个转换失真，一个是结果和目标的支撑，在现实中很容易出现把手段当目标来努力的问题；一个是衡量指标和结果的支撑，在现实中很容易出现把衡量指标当努力目标的问题。所以我们常常看到一些匪夷所思的现象，有一些互联网企业制定了 PV（页面浏览量）这个 KPI 指标，人员为了提高 PV 不惜把操作流程分成 N 个阶段完成，就是为了让用户被迫多访问页面。所以，目标是什么、达成目标的手段是什么、衡量手段是什么，这三者需要反复考究才能对齐。

而 Google 这类顶级公司，他们在全球招聘一流人才，他们默认人才不是来 Google 镀金、不是来 Google 主要赚取高工资高福利的。他们默认人才来 Google 工作是为了改变世界、创造未来的。Google 默认人才有他的自我驱动、自我认知、自我约束能力。而且 Google 做的还是全人类都未曾有经验的事情，他们也处于人类科技前进的最前沿。

所以不要圈定员工要用什么手段实现、要用什么手段衡量是否成功实现，关键是目标要正确。目标对了，员工会自己尽最大的努力去驱动向前的，员工自己也有认知找到自己最适合的实现手段来达成。

所以 Google 使用 OKRs，主要目的是让员工统一目标、认清努力目标并坚定目标。目标不能随意变，但关键成果可以调整。薪资不与关键产出成果强相关，而同 360 评价目标是否达成强相关。

我个人认为，强化对目标的评价，弱化对过程管控/过程质量评价、弱化对产出成果质量的评价，KPI 就可以是 OKRs。

但这样又引发了一个问题，怎样才能客观评价目标是否成功达成了呢？Google 认为责任人自己、责任人直接老板、责任人配合的团队同时服务的客户，这些人会多角度评价的。

但这样是否会造成感性评价呢？造成谁会“为人处事”，谁的评价就高呢？所以 OKRs 方法也要求指定关键成果。通过关键成果质量的参考来辅助决策对目标的评价。

咱们以 Google 的一个案例来说明 OKRs 方法的应用。以下是谷歌投资伙伴里克·克劳（Rick Klau）当年在谷歌博客工作时设定的其中一个 OKRs。

目标：改善博客声誉。

关键成果 1：（业界传播）通过 3 次产业发布会发言，重新确立谷歌博客的领先位置。

关键成果 2：（业界传播）协调谷歌博客 10 周年的公共关系工作。

关键成果 3：（业界传播）在 Twitter 上开设@blogger 帐号，参与谷歌博客产品的讨论。

关键成果 4：（标杆用户关系）确认并亲自接触高级博客用户。

关键成果 5：（关键产品改进与流程改进）修复 DMCA 流程，扭转音乐博客的颓势。

通过这样案例，大家就能理解什么应该设定成目标，什么应该设定成手段，什么应该设定成关键产出成果，什么应该量化。

制定不好，很容易出现达成手段变成目标，关键产出成果成了量化衡量指标，这就又回到 KPI 思路了。

考核与薪资

不管是 KPI 考核法还是 OKRs 考核法，考核与薪资这个问题永远跳不过去。

很多国外案例讲解的是 OKRs 评价方法只是为了让目标统一、目标一致、让手段不要变成目的、让不要因为量化指标而扭曲了行动。

但这些评价完了，与绩效薪资或项目奖金相关的问题还是要解答。既然 OKRs 不管这些，那绩效薪资或者说项目奖金，该从何而来？不需要有这些东西？薪资主要由基本薪资+股票期权+岗位福利构成？那是不是说一个员工能拿到手的钱和专业级别和公司服务年限又隐性相关了呢？那一个个重点项目、重点目标的达成拿什么来激励驱动呢？还是默认员工具有自我驱动力、自我认知、自我约束力？

站在我们中国企业资本/股票/期权/决策权现状、中国员工素质技能现状，我们应该采取什么合适的方法呢？

我个人觉得：在获得股票期权群体中，可让 OKRs 考核与晋升挂钩，而不与绩效薪资或项目奖励挂钩，多通过股票期权长期发展来获得目标成功的收益分享。在不能获得股票期权群体中，采取 OKRs 考核与绩效薪资或项目奖金挂钩方法，获得任务成功的收益分享。这种方法可能在中国企业目前现状比较现实。

J 公司研发应用 OKRs

J 公司研发为什么要应用 OKRs 方法呢？

J 公司已经是中国最大的 B2C 企业，同国内 B2C 企业无法对标，而淘宝天猫只是虚拟商铺平台，和 J 公司 B2C 模式不一样。国际最大的 B2C 企业是亚马逊，但中国消费者的偏好习惯、应用环境、仓储物流配送设施，都与美国欧洲日本有很大的不同，所以也不能完全对标亚马逊。J 公司必须自己肩负起中国 B2C 前行探索之路。

既然是探索，就只能构建未来想象、朝向目标、创造潮流、敏捷地小步快跑。

J 公司研发是怎么推行 OKRs 方法呢？

首先 J 公司研发把此责任指派给了专门做研发管理建设的 J 公司技术研发管理部。有明确的、专责的组织来推动，一项制度才能落地。名正言顺、专职专责、组织性，这是做事的基础条件。

OKRs 体系的推广还被作为 J 公司研发管理建设的年度战略级项目提出，各个研发部门负责人对 OKRs 的推行落地应用都承担绩效责任，可想支持力度多大。

J 公司技术研发管理部做了如下的里程碑推进：

1. 宣贯。通过分批多场次的宣贯、交流问答，让 J 公司研发的各层级经理、各专业岗位人员了解 OKRs 方法的好处、目标、方法、大家的困惑。

2. 实例化方法。通过和大家的宣贯交流问答，从大家的问题出发，结合 OKRs 方法，制定研发各部门、各层级、各专业岗位的实例化 OKRs 制定指南。

3. 试点。先在一级部门经理层级开展，先在季度目标开展。研发管理部自己也是重点试验田，让自己先吃自己制作的食物。

4. 推广。不同部门、不同层级、不同专业岗位陆续开展。

作者简介

孙晖

京东技术研发管理部高级总监，资深项目及战略咨询师，美国项目管理协会认证项目管理专家。专业领域包括战略规划、IT 战略转型，项目管理、商业智能、领导力等。曾任职惠普企业战略服务部大中华区总经理，IBM 全球咨询服务部企业大数据服务中华区高级经理。本科毕业于中南大学，获得加拿大魁北克大学 MPM 硕士学位。

进化

Evolution

在前行中蜕变

到 2014 年，我的职业生涯刚好走完了第四个“5 年规划”——我已经工作整整 20 年了。20 年，对于大多数人的职业生涯来说，已经过半，即便是放在一个人的一生中，也是一段漫长的光阴。在这 20 年中，我的职业有过几次变动，工作的内容也在不断转换，幸运的是，总体上自己在职业发展方面基本上走的是一条上扬的曲线，没有太多的弯路。

有时候，我也会琢磨，自己在职业发展上为什么相对比较顺利？抛开完全的运气成分，有几点感受特别深的地方，我认为，在某种程度上，正是这几点保证了我能够在职业生涯中不断地前行蜕变。在这里写下来与大家一起分享。

君子藏器于身，待时而动

每个时代都存在各种机会，要善于发现它、抓住它。

平时，经常会听到有人感叹好工作难觅，自己生不逢时，没有赶上机会遍地的好时代。但从我个人的亲身经历来看，未来其实充满了一切可能，每个时代都会生发出一些独特的机会，就看你能不能发现它并提前做好准备，在机会来临的时候不要让它跑掉。“机会总是青睐有准备的人”，这是句老话，更是个真理。

我是 1990 年上的大学，当时在昆明工学院读书，学的是机械专业。记得 1992—1993 年的时候，全国掀起了一轮计算机热，主要体现在各种输入法、文字处理的流行，以及电脑激光印刷技术的兴起，但当时的我对此浑然不觉。

直到有一天，在一次大课的课堂上，坐在我旁边的同学手里拿了一张纸，上面是五笔字型输入法的字根表，原来那位同学在外面报了一个五笔字型的学习班。我把那张字根表拿过来看了看，觉得很有意思，就在课堂上把它记下来。之后，我就自己背诵、练习，没过一个星期，我学会了五笔输入法，而那位同学还正继续背字根表。

当时，昆明有不少地方招兼职打字员，我与材料系的一位学长在应聘时不期而遇，最后都被录取了，也由此认识了。这位学友学的是材料力学，也是对计算机特别喜欢，我就跟着他还有几个他同班的学长一起学习。他的导师是法国的海归，有学校专门配发的高性能的电脑，我就经常在晚自习之后与他一起溜进他导师的实验室一起玩当时较牛的 IBM 286，当然在半夜学累了，也一起玩当时流行的“波斯王子”、“战斧”等电脑游戏。

从那时开始，我学习了当时主流的计算机编程语言 FORTRAN 语言和 C 语言，更进一步深入了解了 8086 汇编语言，并还和那位学长一起琢磨着怎么去获取计算机病毒的标本、磁盘加密等技术，慢慢地开始窥见了计算机的神奇世界。

大学毕业后，我被分配到北京牡丹电视机厂从事 CAD/CAM 方面的工作，当时厂里对我们这些大学生很重视，住宿条件和娱乐都不错，还有专门配置了一个台球室，我们这帮年轻人下班就一起玩台球，生活着实轻松、快乐。但其中有几个很有想法的人，因为自己的学长去了爱立信、摩托罗拉之类的跨国大公司，他们也立志要去类似的地方；不随大流，下班就去学英语，一年之后，他们纷纷跳槽去了爱立信、摩托罗拉。而于我而言，计算机的世界已经勾起了我所有的兴趣，我认定了要往这个方向走。

那个时候，虽然我并不清楚目标在哪里，但直觉是应该学并且应该学好。当时厂里的办公室里有一台电脑，于是我就常常在下班之后，一个人跑到那里去研究。因为充满了求知的渴望，我还订阅了《电脑报》和《计算机世界》等专业杂志，几乎所有的业余时间和精力全都耗在了计算机上。

有句话说得好"你的业余时间决定你的未来!"，现在回想起来，确实是那一段业余时间的全身心投入，为我后来正式走上与 IT 相关的职业道路打下了坚实的基础。

1995 年，互联网开始进入中国，我从各方面了解到，北京的瀛海威提供网络接入服务，就去瀛海威办理了入网的账号，省吃俭用买了一个"猫"，开始了自己的"触网"生涯。

到 1996 年的时候，我从《电脑报》上看到了关于 Java 语言的介绍，这是一种全新的编程语言，编程思想和应用环境完全不同于以往的计算机语言，更适合网络环境。凭借之前在计算机专业方面的积累，我意识到我人生最大的机会正在我面前展开。于是，我开始搜集所有和 Java 语言相关的资料，寻觅尽可能找得到的书籍（包括台湾的书籍）。因为可以上网，对于不懂的问题，我通过邮件与一位台湾的作者沟通，他告诉我，他也是在探索的过程中。这更坚定了我的判断，这是一个重大的机会，因为所有人都在一条起跑线上。

1997 年，电子六所下属的华胜计算机公司与美国的 sun 公司合作成立了一个 Java 研发中心，正在招聘这方面的工程师。知道了这个消息，我赶紧去应聘，顺利通过后终于如愿以偿地成为计算机领域的一名工程师。在研发中心，我一直从事 Java 语言和网络编程方面的工作，因为是专业的计算机公司，各种网络条件和硬件条件都非常先进。我记得非常清楚，那里的年轻人，一个个都如饥似渴地学习，下班后都不愿意离开，导致最后公司老板要求，没有特殊情况不得加班。也就是在华胜公司这几年，我全面接触 UNIX、小型机、工作站以及网络方面更底层的协议，这为我今后在专业上的进步，打下了坚实的基础。

3 年之后，我去了中科院计算所，专门从事网络方面的研究。又过了 4 年，我来到了正保远程教育，一直待到今天。尽管这么多年来，工作地点有变更，工作内容有变化，但我从来没有离开过网络这个行当。设想一下，如果没有那张五笔字型输入法字根表格，我也许不会对计算机产生兴趣并在早期投入那么大的精力。那么我这一辈子最可能的情况就是跟机械和模具打交道，干着我的老本行。一张五笔字根表给我带来了一个机会，我抓住了，人生从此改变，多么奇妙！

宝剑锋从磨砺出，梅花香自苦寒来

在我接触的年轻人中，我发现不少人都有类似的想法：找工作的时候，最好一开始就能进一家大公司，这样一方面起点会比较高，另一方面，大公司里牛人多，跟在他们后面，自己能学到很多东西，会进步得更快。

这种想法无可厚非，但任何事情都像一枚硬币，有正反两面。有一个好的起点固然不错，但与好起点相伴而生的，往往是工作就像一颗螺丝钉，缺乏开拓性和延展性。同样的道理，一个算不上是高起点的工作，开始也许会更困难，过程也许会更痛苦，但你有可能会获得更多的机会，承担更重的责任。虽然没有高起点，但在痛苦的涅槃过程中，你会获得高速度，获得更大的发展加速度。而这些，往往是决定最终结果的关键。

这一点，我也是从自己的职业经历中感悟出来的。

要论我待过的地方，从技术的角度来说，肯定是中科院计算机所最厉害。但是，假如我贪恋它是国有单位是技术“大牛”，一直在那里待着，那么我可能预见到的未来，也就是一个资深的计算机专家，最多是某一小小领域的负责人。但这些年来，我跟随着正保从小长大，除了技术上不断进步，我还拓展了自己很多其他方面的能力，比如管理能力、沟通能力以及看问题的高度等。这种全方位的塑造使得我的视野已经完全跟从前不一样了。更重要的是，我还拥有了一个可以把自己的很多思想付诸实际的平台，这是可遇而不可求的。

实际工作中，我发现，很多人尤其是年轻人都容易陷入这样的认识误区。

2011年，因为要做苹果APP的开发，我们从外面招聘了两个很有经验的工程师。这个团队一共四个人，但工作不到三个月，这两位工程师就觉得我们这里没有什么能人，也学不到东西，双双选择了离职。团队仅剩下的两个人当中，有一个人稍微有点经验，也有些动摇了。我就与他沟通：现在确实很困难，但也是一个机会，只要能闯过这一关，你不仅在技术上会有大的进步，且有机会成为团队的负责人，在管理方面获得提升，得到更大的空间去展现自己。他终于想明白了，在补充几个人之后进行了三个月封闭式开发，吃住全在公司，熬过了很多个不眠之夜，攻克了很多技术上的难关。最后，我们推出的产品，要远远好于原来的产品，而这位同事，现在也已经是iOS开发团队的领导，带领着近20个人的团队。

前两年，公司有一个做运维的小伙子，渴望自己能在技术方面能有大的提升，每每看到外面的技术大牛对系统、键盘飞快操作的双手都非常羡慕，一心想去技术型的大公司。我就跟他说，你看到的表面光鲜的东西背后，都有非常努力的付出，并不是你换了一个地方就能学会，关键还在于自己的钻研。我用自己的经历告诉他，关键是要看到差距，自己努力去赶上。通过我的开导，再加上给他一定的压力，两年后，他已然达到了自己之前羡慕的水平，今天他已经成为运维团队的负责人。

为什么在小公司更容易获得快速成长？因为在大的公司，基本是踩着别人的脚印往前走，一直是个追随者，很少有机会去开拓。而在小的公司，是自己要去探索一条全新的路，施展空间不一样。更重要的是，要成长必须要超越自己的当前，如果站在更高层面去看问题想问题、去做事情，迟早你会成为这个层次的人。

因此，经历过从无到有打磨出来的人，换一个地方、一个行业照样还能成长，因为你有白手起家的经验，有开拓的精神。而在大公司成长起来的人，因为是踩着别人的脚印走，在前方没有路的时候，一定会很迷茫、不知所措。

不经一番彻骨寒，哪有梅花扑鼻香

还有一点我觉得特别重要：认准目标，一定要全身心的投入，心无旁骛，坚持到底才能胜利。这种坚持，经常体现在更换工作的频率上。

从参加工作之初，我就给自己定了一个目标，每一份工作，至少要干满三年。第一年了解这个行业，第二年真正熟悉这个行业在做什么，第三年才能在这个行业中开拓性地去做点事情。20 年来，我一直遵循这个原则，第一份工作，在牡丹电视机厂，干了三年；第二份工作，在华胜，干了三年；第三份工作，在中科院计算所，干了四年；2004 年，我到了正保之后，就没有再离开，一直到今天，我在正保已经干了 10 年了。

我现在招聘人，也会很关注他跳槽的频率，偶尔出现频繁的跳槽可以理解，但是如果经常这样，那此人一定有问题。因为我的经验是，任何一份工作，干不满三年，积累都是没有价值的。因为不论什么样的职位，都不仅是专业的积累，更是社会资源和人脉的积累。

从更高的层面讲，这种坚持更体现在创业者对一份事业的矢志不渝上。这一点，在我们正保的老板朱正东的身上体现得特别淋漓尽致。

1999年，曾经两次创业失败的朱总开始了他的第三次创业：与财政部合作，利用网络教育的形式来搞远程教育。当时正逢第一轮互联网泡沫的破灭，人人谈网色变，但他笃定地认为，互联网产业未来一定会有大的发展。

创业初期的困难常人难以想象。迟迟没有收益，借来的钱被不断地丢进看不到前景的黑洞，他卖了车子，当了房子，更糟糕的是，因为看不到前途，很多重要岗位的负责人都离开了。我记得当时朋友介绍我去帮正保解决一些技术问题时，正保正处于支离破碎的边缘，工资都发不出来。很多人都劝朱总放弃，但他不肯，咬着牙坚持。慢慢地，公司开始有了收益，终于熬过了最艰难的日子并且越来越好。而那些在公司最困难的时候，选择和公司一起坚守的员工，如今绝大部分都成了正保的高管。我记得很清楚，多年后，公司在总结过去的经验时，提到得最多的关键词，就是坚持。

我想很多人都看过一幅漫画：一个人挖井，每次都在离水不远的地方放弃，然后再重新挖一口新井，结果最终也没有挖到水。工作也是这样，在我们觉得看不到前景，觉得迷茫的时候，其实也许就是黎明前最浓重的黑暗，这时候如果选择离开，意味着之前的努力全部废掉，一切又要重头再来，殊不知，坚持一下，再坚持一下，很有可能就能冲破黑暗，柳暗花明又一村了。

结束语

以上三点不是什么秘而不宣的诀窍，但在职场中，能够真正用心领会并做到的人并不多，于我来说，也是在20年的职业生涯实践中，反复回顾、思索之后才慢慢明白的。正是这三点浅显易懂的道理，帮助我找到了自己的职业方向并努力向之靠拢，走上向往的职业道路后又帮助我一步步稳扎稳打，最终水到渠城实现蜕变。

作者简介

秦松疆

2004~至今，就职于正保远程教育，任高级副总载、CTO。正保远程教育是一家从事网络远程教育的互联网企业，2008 年作为中国第一家远程教育公司在美国纽约证券交易所成功上市。2000~2004 年，就职于中国科学院计算技术研究所网络技术研究中心，参与新一代互联网的基础理论和关键技术研究。参与新一代互联网的可信协议与体系结构、网络监测/分析/优化控制基础理论与关键技术、P2P 计算与内容分发系统、接入控制与信任管理等研究。通过关键技术的突破与系统研发，为新一代可运维、可管理、高可信的互联网与业务系统提供技术支撑。1997~2000 年，就职于电子部六所华胜计算机公司 Java 中心，“Sun-华胜 Java 中心”是 Sun 公司在中国首批 Java 应用技术研究中心，期间从事 Java 本地化及网络应用技术方面的研究开发工作。

从实习生到运营总监

职场第一阶："处男"

→终日乾乾：孤家寡人的第一份工作←

2003年，我来到了济南第一房产网，开始我职业生涯里的第一份工作，我负责其中的二手房栏目。说是频道负责人，其实是孤家寡人。整个频道的业务包括网站运维、市场开拓等，全都是我一个人在做。这个频道在当时基本不被众人看好，属于"边角荒地"。作为一个新人，我没什么经验可谈，只知每天机械地去维护网站，这份工作我做了一年。

→向竞争中要成效←

在做好网站的基本维护之外，我开始着手进行市场开拓，提升网站平台在济南的知名度和影响力。我首先对网站已有的房产数据进行地毯式的梳理，将那些有不良信誉的中介所发布的虚假房产帖子删除，由此频道内容得到了净化。接下来，我们从技术上入手做搜索引擎的排名优化，这份工作主要由技术部门去做。我印制了大量的名片去济南市大大小小的中介公司派发，希望他们能够把自己的房产信息发布到我们的平台上。这些名片上印有第一房产网的网址及介绍，当时济南的大小房产中介几乎都让我跑遍了。这种蚂蚁搬家的笨办法很辛苦费力，然而效果来得实在。

当时与我们竞争的业内同行还有山东房地产网，这家网站财大气粗、人手多，每天的信息发布数量远远超过我们。但是它存在两个致命的弱点：一是无法保证信息的真实准确性，由此给用户造成了很多不便；二是实行收费制，读者每浏览一条信息都要付 1 元钱的信息服务费。相比之下，我们平台上的信息是免费公开的。

在此之外，我在自己的频道内制作了若干小产品，为那些知名中介开设中介专区，让那些有公信力的中介信息在网上得以推介，同时曝光了很多黑中介。几项措施组合下来，我们的网站打开了局面，慢慢有了知名度和影响力。

在当时的互联网圈子里，大家对于网站运营都没什么概念，不像今天，已经有了很清晰的思路。在那个年代大家都是摸索着来，我的频道基本上每 3 个月出一两个产品，同时也会对首页进行一次改版。

那时我们开始收取服务费，不再是单纯地收取广告费用。经过一年的努力，整个二手房频道的流量达到了全网的半数，直到 2004 年年底被搜狐焦点收购，无论是流量还是影响力，该频道是当时搜狐焦点几个城市站二手房栏目中最好的。

→在扫街的酸甜苦辣里培养出自信←

当年房产信息的广告形式，最常用的是在桥头路口的公告栏和电线杆上贴牛皮癣。这种今天看来很低级的形式，在当年却是公众浏览、获取信息最直接方便同时又最有效的途径。从那时开始，房产网站尤其是二手房网站，开始逐步进入到公众的生活并改变了用户的习惯。

做过互联网的都知道，改变用户习惯是一项极其困难的工作，现在看来基本都是逆天而为，而在当年，我们确实是硬着头皮、一步步走过来的。

济南的冬夏各有其特点，夏天酷热，冬天严寒。当时我跑客户，更多的时候是一个人“扫街”，挨家挨户地去跑，去介绍自己的网站与业务，有时候甚至是漫无目的地走。对于一个性格不是特别外向的新人来讲，敲开客户的门、张开自己嘴需要莫大的勇气。其中的酸甜苦辣，只有亲身经历过的人才能体会。

记得我在刚跑客户的时候，很不被客户认可——客户宁可在报纸上投几万元，也不情愿在我们的网站投几百块钱的广告。其中有一家比较大的房产中介公司，我一个月坐公交跑了 25 趟才磨下来。注意，不是谈下来，是“磨”下来，软磨硬泡地磨下来。通过这个公司，我赚到了 500 元的广告费。

通过自己的努力，在第一份工作中我逐步收取了自信，即：通过自我的努力，是可以把工作做好的。通过自我的努力获得自信，这种收获，远远大于成绩所带给我的影响。在后来的职业生涯中，正是基于这种对努力的认识，让我一直不气馁。

职场第二阶：迷茫

→或跃在渊：采油工的日子，一眼望到底←

在济南搜房网被搜狐收购之后，我拒签了搜狐。理由是我认为搜狐不是一家纯互联网公司，我选择了自己创业，跌跌撞撞地干了一年后以彻底失败告终。后来我还卖过茶叶，又被父母叫回胜利油田干了 8 个月的采油工，期间经历了一段思想迷茫期。那时的我还没有做到很好地管理自己，不能很好地管理自己的时间，规划自己的未来。对于自己的职业生涯，并没有清晰的认识，只是觉得自己这也可以做那也可以做。接下来的几年时间，基本上是在这样的状态下给浪费掉了。直到后来，在一望无际的胜利油田湿地上扛着铁锹挖沟的时候，我开始对自己的人生有了重新的规划：这不是我想要的未来！因为采油工的日子正如这荒野的天际，从脚下干到退休，一眼能望到底。于是我想明白了，不顾家里的反对，毅然决然地离开了胜利油田来到了北京，那时已是 2008 年。

虽说人来了北京，但头脑里对于具体要做什么，还是没有一个明晰的认识。在这样的状态下，胡打乱撞中我找到了一家公司做行政人事经理。这家公司属于传统行业，但从情感上，朦朦胧胧中我意识到，这依然不是自己喜欢的工作。

→想去暴风影音，却不知道去了能做什么←

我分析了一下当时的一些行业，觉得暴风影音的视频领域挺有前景。我给冯鑫（暴风影音 CEO）发了很多微博的私信，提了好多建议。他回了，我们聊得很愉快，但当冯鑫问我你来暴风想做什么的时候，突然间我又迷茫了。

我想做什么？我能做什么？我找不着答案，因为这毕竟是我没有接触过的一个崭新的领域。

职场第三阶：修炼

→夕惕若厉：进入浙江汇购学管理←

直到后来进入浙江汇购，在这家公司里，我从最底层学起，学到了很多运营管理的经验，同时磨炼出一颗强大的内心，懂得了如何去活出自己。

公司的主营业务也是金融服务外包，算半个电商，规模有 120 多人，有几个大项目。在这里我工作得非常开心，虽然很累，但能系统地学到很多东西。在这里，我学到很多管理工具的使用，如设计绩效、分解任务、编写岗位说明书、为员工做职业规划、订工作规范等。但我后来发现，工具只能改变人做事的方法，却不能改变人的心态，而改变人做事的心态，才是成事的根本。

→为自己打工←

初入汇购，我对之感到非常好奇：会议室中竟然还设有佛堂！老板是一个虔诚的佛教徒，她经常会组织我们自愿报名参加一些活动，诸如拜佛、放生等。我从她身上学到了很多东西，这些东西对于我而言不仅仅是一种知识，更是一种智慧；不仅是一种心性修炼，对于日后的公司与团队管理更是一种帮助。

佛教中讲“人不为己，天诛地灭”，很多人把这句话理解成为自己谋私利，其实这句话的真正意思是讲人要注意修习自己的德行，否则天理难容。我从这句话里悟到，我是“为自己打工，不是给老板打工”的道理。

那时我们单位加班很多，有些人是为了加班而加班，为了工作而工作，我却自愿去加班去工作。他们是被迫的，而我是揣着兴趣自愿去学习。他们是痛苦的，我是快乐的，同样的行为背后有着本质的差别。

抱着“给老板打工”的心态，工作起来会很累，而实际上工作的真正目的是为了自己——为了提升自己，更好地生活。这是我的认识。

→感恩批评我的人←

在浙江汇购，我学会了感恩，懂得了去感恩父母、感恩家庭、感激自己、感激他人。

那时我的职务是项目运营。有一次，在为广州工行的一个投标项目设定活动方案时，我把日期写反了，结果挨了顶头上司的狠批。领导当着十几个人的面，专门开会批我，从晚上 11 点到凌晨 4 点。我当时觉得很委屈，心理上也有抵触。但是过后我很感激批评我的这位女士，而且一直到今天还心存感念。是她改变了我“好面子”的心态，并且在事情本身做法上纠正了我。从这以后我知道遇到批评时要学会理解，因为只有理解了才能真正包容。

职场第四阶：担纲

→见龙在田：开始独当一面←

从杭州出来，我来到了北京的一家小公司，这家公司是做银行服务外包的企业。我进入公司后，一年做了三百多个银行的外包项目，项目类型以“短、小、快”为主。我带项目运营团队，我是总监，上面是总裁。

这些年来，我自始至终抱定一种心态，即：我不认为我是在打工，而是在学习与检验自己的能力。我来这家公司的目的，就是要验证自己这些年所学到的知识和所掌握的能力能否帮助一家小公司成长起来。

这家公司管理混乱，内部职责不清。四十多人的小团队，跨部门的工作流程混乱，一个月仅能承接 10~15 个项目，并且引来各种问题和甲方的投诉。当时公司规定，你只要能做项目运营，就可成为项目专员；能接 5 个项目，就可担纲项目经理；能接 10 个项目甚至更多，就可以做项目总监。我当时就觉得这种岗位晋升规划是不妥的，总不能像部队打靶一样，打中两环做班长，打中五环做连长，然后依环数的增长，依次做到营长、团长，一直到司令吧？职位的晋升不应该是靠这个来的。我去了以后，先纠正大家理念上的一些错误，帮助大家重新去梳理工作流程，并把原有运营下游的部门一并做了梳理。

→培养“超人”经理←

要想管理人就要先管理人的思想，思想控制了行动就得到控制。德国的尼采将达尔文的生物进化论引入到社会领域，认为人类的生存法则也是竞争：优胜劣汰。人类是从猿猴进化来的，还要进一步成“超人”。从超人的立场回过头来看人类，会如我们现在看猿猴一般可笑。

强势的领导者都重视企业文化建设。华为的任正非强调以企业文化为前导经营华为。他在分析国内企业不景气的原因时，常常讲这不是机制的问题，重要的是企业文化建设，国内许多企业甚至没有企业文化。

怎样让员工觉得不是在为自己的老板打工，而是在从事一项伟大的事业，让员工有归属感，这是管理好企业的真正财富。

基于我对管理的理解以及上述的认识，根据公司的现实状况，我开始着手改变大家对工作的认识。因为那些搞不清楚为什么要工作的人必定也干不好工作。在此期间我培养了 4 个项目经理，从心态开始培养，我们每天读一段《细节决定成败》[①]然后开始讨论，教导大家不要害怕出问题，要勇于面对问题，逐步培养起大家顽强的意志和责任感。以此作为起点，进行项目流程、项目操作环节的优化。根据公司的业务特点进行流程设计，一切都用可以复制的标准化流程执行，半年后这 4 个项目经理 1 个月能做到 28 个项目而不崩盘。

→理顺各级岗位职责←

上面说过，这家公司制度管理混乱，各级职责不清，针对这种情况，我调理了各级岗位的职责，让他们明白各自的工作权限和中心工作任务。重点在总监、经理、主管三级，而核心则是财务开发与利用。

资源永远是稀缺的，开源节流对资源使用加强成本控制，将公司的管理指

① 汪中求. 细节决定成败. 新华出版社，2004.

标转化为财务指标，这是对总监的基本要求。对公司的整体财务指标进行切割分解到部门，制定资源配置与盈利考核的决策，这是总监工作的核心要务。

在既定资源下，以自己部门的专业分工为基础，从全局角度考虑局部的执行方案，创造性地使用资源，实现既定目标绩效，这是对经理的基本要求。

明确短期任务目标，并落实到下属人员的调度使用方案中，根据即时情况，带领队伍以最少的资源消耗，超出上级满意地完成任务，这是对主管的要求。

明晰岗位工作重心，选拔优秀人才，建设有向心力、战斗力的企业文化，这是我在公司所做的三步工作。这三步棋下完了，公司的业务及管理也就步入了规范发展的轨道，我小试牛刀、检验自己能力的初衷也实现了。接下来，我要寻找另一片山水，去一展拳脚，实现我的抱负。

作者简介

肖鹏

半岛同城 CEO，热爱互联网，有着互联网行业十二年的项目运营经验，基本经历了非技术类的所有岗位。对人力资源、项目管理、战略布局有着一定的心得。

第二部分

▸▸▶ 产品技术篇

Evolution

进化

Evolution

好产品经理的七个小窍门

产品经理是IT和互联网行业的热门职位，因为带着个经理的后缀，让人觉得比其他程序员、测试工程师什么的天生就高了一头。再加上各种媒体、大佬或成功人士把产品经理称为小“CEO”的说法，赋予这个职位各种光环，让不少新老同学决心投身这个潜力巨大的职业。另一方面，产品经理的确可以说是互联网团队的骨干，一边对接用户、市场、客户和各种外部伙伴，另一边连着开发、测试、运营等内部资源，经常直接影响或决定着一个功能、产品、业务甚至公司的成败。好的产品经理需要有感觉、有想法、能沟通、能设计，绝不是一天练成的。关于如何成为一个伟大的产品经理，介绍项目管理的必杀技，阐述产品管理的屠龙技能等方面的书籍和文章已经是数不胜数了。当你在看完这些高大上的理论，准备实施运用，制定你的半年、一年、两年计划的时候，你是不是有时会YY我能不能立刻就成为一个牛掰的产品经理？扎实的理论是需要的，长期的锻炼也是必需的，但是短平快能让你立刻看着就像一个资深产品经理的小窍门是不是更是有用的呢？好吧，那就让我们开始吧。

一定要有自信

我们先来一个形而上的，作为一个产品经理，无论在任何场合，你一定要表现得自信，相信你的想法、你对市场的洞察以及对用户的理解，当然更要对你的设计方案抱有足够的信心。产品经理很大程度上是个沟通的活，如何说服各种各样和你打交道的人决定了你是否能成为一个好的产品经理。而要说服别人，你当然得相信自己。注意这里的自信不是自大，也不是顽固，你要能倾听大家的意见，善于启发别人的想法。自信不是怕被别人说自己不对，而是对最终目标达成的信心。

那么，怎么才能让别人觉得你信心满满呢？再给你几个具体沟通的小技巧：

- 沟通的时候言简意赅，不要拐弯抹角，可以直接使用结论、论据、总结的三段论方式。
- 保持你正常的语速，语音和语调，即使是在争论的时候。
- 保持眼神沟通，注意倾听，随时提供反馈。
- 关键的讨论，会议一定要有准备，脑袋不空了，心里才有底。

加班订餐是你分内的工作

为了能够做出人见人爱，花见花开的好产品，产品经理需要无所不用其极。而团队的效率和效能是成功的基础。所以作为想成为好产品经理的你，需要能够为自己的团队提供全方面的优质服务，减少干扰开发测试同学的杂事琐事，而且能够在工作之外像一块吸铁石一样把一个团队紧紧的凝聚在一起。技术团队的同学不配合，你要想办法帮忙搞定，上线的机器还没到位，你别忘了去和运维同学跟进。加班订餐，当然是你的事，还得想法让大家吃得好。卡拉 OK 放松庆祝，自然是你安排，要方便还要尽兴。也许你还得扮演个知心大哥哥或大姐姐，帮人排忧解难。总之，不要觉得你是个小“CEO”就全是发号施令了，真正的 CEO 有一多半时间是帮助服务别人的，你也一样。

及时发送会议纪要

产品经理躲不过去的一件事就是会议，我们要尽可能的少开会，开有效率的会，但会议同时也的确是大家集思广益、解决问题、同步状态的一个重要手段。而如果没有一个书面的纪要来明确会议的结果和后续的步骤，会议的效果就会大打折扣。如果你能在每个重要会议后第一时间发出高质量的会议纪要，肯定会为你的好产品经理形象加分。

- 纪要要在同一天发出，延迟的会议纪要不但缺少了及时性，也经常会出现信息矛盾和理解误差。
- 内容简洁明了，不要陈述过程，而把重点放在问题、结论、目标上。
- 有明确的后续跟进任务，设置负责人和检查点或时间节点。
- 纪要的重要内容、结论和任务要整合到其他的计划或文档中，能够不断地跟踪和检查。

测试你自己的产品

让自己看起来是一个靠谱产品经理的一个重要方法就是熟知你自己的产品。从一开始的原型，到最初的测试，Beta 上线，到最终的发布，你都应该是最忠实的用户。尤其是在原型、测试阶段，你的反馈不应该比用户少，你发现的 Bug 应该超过一般的测试工程师。你会安装每一个迭代的版本，你会随时在不同的场景、不同的环境下测试使用你的产品。如果这慢慢地变成了你的一个习惯，你会发现开发、测试同学会越来越听从你对产品的意见。

答复用户反馈邮件

你的产品是服务于用户的。为了表现得像一个合格的产品经理，你需要尽可能和用户亲密接触。答复用户的反馈邮件，参加论坛上的讨论，关注微博上的留言，应该是你工作的一个重要部分。你也许会向身边的朋友介绍你的产品，了解他们的反馈；或者当在商场看到用你的产品用户，你会主动上前询问他们的体验。更重要的是你能够归纳用户的需求，发现用户的痛点、产品的缺陷、清晰地和团队分享。

学会说不

产品的开发过程就是一个选择的过程，作为产品经理，你需要做各种各样的决定：功能上、时间上、资源上；对不同的人：用户、团队成员、老板、合作伙伴。你会确定产品的目标、功能、计划、设计及实施方法，然后你和团队要全力投入执行。在这个阶段，你会发现能够说不才是优秀的产品经理和普通的产品经理的一个分水岭。你需要能够说不，只有这样才能确保你的优先级和计划的完成。但这并不是一件容易的事，你要有明确的判断，还要能够说服别人，甚至有时候这个别人就是你的老板、你老板的老板或者你的重要客户。你会需要一些技巧去帮助你表达。

- 告诉他们你会在下一个版本中实现。
- 让他们比较自己的请求和你的优先级，给他们一定的选择权。如果你是对的，他们应该很容易做出帮你说不的决定。
- 提出支持他们需求的合理的对应要求，资源或者时间方面的因素可以让他们从成本和代价上明白说不的含义。
- 如果实在不行就分解他们的需求，先实现成本低而又收益高的部分。

不要只依赖邮件

电子邮件是所有 IT 同学主要的沟通手段，我们已经习惯了淹没在邮件的海洋中。电子邮件简单易用，没有当面沟通的压力，有时候更能够明确阐述想法和建议。但也正因为这些特点，邮件也容易被滥用，好的邮件回复并不常见。同时因为没有直接的实时反馈，有时反复的邮件交流反而容易复杂化原本简单的问题。一个有经验的产品经理在下面几种场景下会更经常依赖面对面的沟通。

- 某个问题的深入讨论需要相互的紧密交流。
- 对一些关键点的困惑和不同意见的同步。
- 开放型的讨论或意见收集。
- 需要考虑参与人情感或偏好的交流。

这七个小窍门在优秀的产品经理身上或多或少都会展现。如果你能够掌握这些技巧，肯定会让你一展好产品经理的风采。如果你还能持续不断地坚持和练习，慢慢你会发现你已经被大家真正归到好产品经理的行列了。

作者简介

周盛

现任优酷土豆公司集团副总裁，管理商业产品的研发。在此之前他负责公司广告业务，移动和付费服务等多条产品线的产品管理。在2010年加入优酷之前，周盛在微软中国研发集团中国创新产品部负责针对中国市场的新产品孵化。周盛2008年从微软总部转入微软中国。在此之前，他作为高级产品经理在美国参与和完成了在线广告，Windows Mobile，Office软件等多个领域的产品和服务的开发工作。周盛在美国衣阿华大学获得硕士学位，在北京大学获得计算机学士学位，拥有多项在线服务方面的专利。

IT 是一种服务

——从服务意识培养到搜狐价值观

假设你去一家餐馆吃饭，你要做的一般是找个地方坐下来，告诉服务员你想吃什么，有什么忌口，然后要到 WiFi 密码，静静地刷一会儿朋友圈，几个赞过后，菜就上来了。你应该不会去过度在意服务员是通过手持机还是用小本子记下你点的菜，更不会关心后厨给您炒菜的大叔，身高是一米六还是一米八，对吗？

这就是一种典型的结果导向思维，你要的只是一个结果，只要这盘菜和期待中的口味一样，上菜速度不至于太慢就行了。过程中其他的细节是你不太关心的。

技术同学经常会犯的一个错误是：不能站在业务部门的角度思考问题。这种思维习惯表现在方方面面，比如向用户介绍系统的时候带有很多技术细节和术语：采用了某某最新的缓存架构，使用了某某最先进的开发语言……整个过程中，业务同学的大脑中一直关心的却是：之前提到的那几个问题，到底得到解决了吗？解决到什么程度？以后还会有同类的事情发生影响业务吗？

业务同学要的只是一个结果，只要这个结果达到了，你用什么技术手段实现是你自己的事。

说说服务

我们先看看什么是服务，服务在最新版的国际标准中是这样被定义的：

> 服务是为了达成客户期望的结果，而向客户交付价值的一种方式。
>
> ——ISO20000:2011

这里面有几个关键词："客户"、"期望的结果"、"交付价值"，分别结合平时的工作谈谈我自己的体会吧：

→客户←

客户是最终为我们的工作成果买单的人。如果在乙方，客户就是未来签验收单付款的人；如果在甲方，客户就是能在我们老板那儿，说这个项目做的很好还是做的很烂的那位 BOSS。我们做项目都是为客户做的，为了满足客户在某些方面管理的需求。

与"客户"对应的，我们的同学经常搞混淆的一个角色就是"用户"——用户是未来使用我们产品的人。客户与用户在某些时候可能是同一个人，但是大多数情况下，用户和客户的需求可能是不一致或者完全矛盾的。在一个 ERP 项目中，针对某个表单，业务线操作的同学作为用户，提出的需求是尽量少填写点东西，降低工作量。客户是业务方 VP，需求是想从多个维度看到业务的 BI 分析图表。

很显然，这两个需求有冲突的地方。我们私下应该明白，如果我们想升职想加薪，让业务线 VP 满意是很重要的。这么反着推，做 BI 报表中需要的数据，都应该在系统中有，这些数据要么系统根据规则自动产生，要么用户就得录入。

再接下来，负责产品的同学要做两件事：

1. 说服用户。为什么表单上要增加这么多个必填字段，动之以理，晓之以情，买零食送饮料，产品同学的忽悠功力外加小恩小惠，各种威逼利诱让用户同意接受。

2. 改进产品原型。能做成选项的绝不做成文本框，能做成 Radio 的绝不做成 DropdownList，总之尽一切可能减少用户填写的压力。把一个原本点击 7 次鼠标完成的页面，改进为点击 6 次完成，减少的那一次点击，就是产品同学的价值。

准确地识别“客户”的需求非常重要。我们很多的同学，大量时间花在与“用户”的沟通上，今天在这儿修修补补，明天那儿增加个小功能，需求都是来自用户而不是客户。最终，项目也许是上线了，但是因为项目范围蔓延，上线时间一拖再拖，最终换来客户的质疑和不满，付出的代价是极其惨痛的。

期望的结果

“期望的结果”这几个词和质量的定义很像，ISO9000 中质量被定义为：一组固有特性满足要求的程度。这个定义和我们平时直观的理解是有些分歧的。

举个例子，你去给一个玩具汽车买电池，老板说有两种电池：第一种是杂牌的，1 元一节，放在电动车里面能跑 10 分钟；第二种是名牌的，2.5 元一节，能跑半个小时。你会很主观的认为第二种电池质量好吗？不一定吧。正确的做法是，每种电池都放到玩具里面测试一下。第一种电池如果真的撑到 10 分钟以后才没电的，第二种电池如果也撑到了 30 分钟，那么我们说两种电池的质量都是好的。质量管理中就是这样解释的，因为两种电池的价格不同，我们对它们的期待不同，它们最终都满足期待了，所以质量就都是好的。

回到我们的工作中，很多同学在项目中，很钟情于做一些“镀金”的工作。

镀金是指做一些不解决实际问题、没有应用价值的活动。比如一个信息反馈小页面，本来两三个文本框加一个按钮搞定的小事，被有些同学各种追求完美主义：把按钮的背景图片换了十几遍，给文本框加了一大堆眼花缭乱的特效，同时又在抱怨加班很苦。请问同学，有人让你这么做吗？在满足自己小小成就感的同时，你在浪费着公司的各种资源。实际工作中，你只需要达到客户要求或者小小的带一点惊喜，而不需要花费大量的人力物力做超出客户期望的事情。

再想想上面的例子，如果你想买一节电池，只要能玩 10 分钟就好。那么不管老板最终给你哪种，这节电池在你眼里的价值都只值 1 元钱，对吧？

交付价值

如果你手工劳动每小时做的东西能卖 20 元，使用机器以后，生产速度加快了一倍，你每小时能做 40 元的东西卖了。那么，因为使用这台机器，每小时给你带来的价值增幅 X 就是 20 元。

如果这台机器是租来的，每个小时的租金 5 元，同时每小时消耗 0.5 元的电，那么因为使用这台机器，每小时给你带来的损失 Y 就是 5.5 元。

此时，这台机器对你来说的价值就很好计算了。Value=X-Y=20-5.5=14.5 元，如果 Value 是正值，这台机器对你来说是有价值的，会被使用；如果是负值，估计没你应该不会再去搭理它。

很多企业的 IT 部门并不直接产生收益，IT 部门必须通过帮助业务部门提升价值来实现自己的价值。ERP 系统实施经常有遇到这样的情况，系统功能非常齐全，流程也很规范，但是系统最终没有用起来。这种类型的项目失败，一般不是因为技术原因，而就是因为功能过于齐全、流程过于规范了。当一个系统被设计到极致全面的时候，通常情况伴随的就是各种操作的复杂，规范的流程大多数时候往往意味着死板、固化、难以变通。用户如果线下用 Excel 表格+邮件 10 分钟搞定的事情，搬到线上需要 15 分钟完成，那项目经理推行这件事情就比较困难了。对于客户，使用产品的收益 X-损失 Y 时很高的没错，但是用户此时损失 Y 高于收益 X 了。系统的设计者要做的事情，是想方设法降低“用户”的 Y，或者提高“用户”的 X。实践中的手段有很多中，例如在一项资产申请流程中，可以对负责管理资产的同学给出一些基于历史数据的智能提示，让审批人在审批一张移动硬盘申请单的同时，可以看到申请人名下已有的同类资产（例如申请人三个月前刚刚领过一块 1TB 的硬盘了！）。这种体验是用户以前用邮件做业务感受不到的，系统切切实实地可以帮到用户，才可以说用户的 X 得到提升了。

思维的转换

经常站在客户的角度去思考“客户究竟要的是什么”，可能比我们闷下头来多写几行代码更加重要。某火车订票网站上线初期以瘫痪出名，如果你是架构师，一味地增加服务器、带宽扩容，可能比不上你向业务部门提议，将统一的放票时间拆分为按车站分 10 次放票。技术同学往往觉得，这种政策制定业务部门的事情，但是，换个角度，业务同学也是不了解应对高并发的难度和成本的。自私点，为了自己少加点班，多陪陪女朋友着想，我们也要尽量主动的把自己能想到的建议提出来。行政的一纸文书，可以轻松的把系统压力砍掉 90%，换来我们多少个不用熬夜的通宵啊。

搜狐价值观

搜狐的价值观一共 8 行 63 个字，如果你去问问搜狐的老员工，在这里工作这么多年，印象最深刻的那条，大致都是“结果导向”这四个字了。

看看搜狐技术部的两名员工：

小 A 的特征：勤奋、努力、常年 996 式工作，经常放弃陪女朋友来公司加班，个人事迹随便拿一段都是劳模当之无愧。工作中遇事大多会思考这件事是否有意义，如何让自己的价值通过做这件事情得到体现。

小 B 的性格看起来成熟很多，晚上按时加班，该充电充电、该泡妞泡妞。用小 B 的话说“人的生命是有限的，工作是无限的，用有限的生命去做无限的工作，注定结果是个杯具”。

话说绩效考评时间到了，搜狐技术部门一般是每半年进行一次绩效考评，考评结果直接与员工拿到的 PM Bonus 挂钩。每名员工需要递交一份对自己过去半年的总结报告，A、B 两人的报告都按时交来了：

小 A：项目工作：负责的三个项目都有 Delay（延期原因是资源不足，人员被抽调到其他项目了）；运维工作：受理 500 件，被投诉 0 次，其中做了一些与本职不相干的工作。比如帮 HR 解决了几个 Excel 函数问题、帮 Legal 处理了几个报表的问题等（这些事情都是对方发邮件到部门邮箱的，小 A 发现部门没人处理，主动去处理的）。

小 B：项目工作：负责的一个项目按时上线；运维工作：受理 200 件，被投诉 2 次（原因是工作单处理不及时）。

现实很没有人情味，Leader 对每项工作的完成情况打分，最终计算总分。小 B 拿到结果的是 A，小 A 却只拿到了 B+。换句话说，因为小 B 的目标达成了，小 A 的目标没有达成。

找小 A 和小 B 细聊后，才发现两个人背后，性格的差异其实很大。

小 A 是典型的“过程导向”型价值观，凡事强调意义。美国大片里面，一队人马拯救地球，大家都尽力了，最终如果成功了就是皆大欢喜，失败了大家一起等待世界末日的到来，死的光荣而壮烈。

小B是“结果导向”型，成功路上不畏惧困难，逢山开路、遇水架桥，碰到一时无法战胜的强大敌人可以低头绕着走，一路艰辛而豪迈，只为了把心中最初的那个梦想变成现实。

两种价值观本无对错之分，只是你如果希望在职场有所建树，事业上有所作为，不管打工还是创业，逐渐地把自己的价值观往结果导向靠拢是没错的。“成者王侯，败者寇”是千古真理，赢了就是赢了，输了就是输了，一切以事实为依据。

早些年，每名新员工加入搜狐的时候，都会拿到一本绿色封皮的小书——《No Excuse》。书中提到“No Excuse”是美国西点军校200年来奉行的最重要的行为准则，是西点军校传授给每一个新生的第一理念。当学员遇到军官问话时，只能有四种回答：“Yes Sir”，“No Sir”，“I don't know Sir”，“No Excuse，Sir”。凡事以完成结果为考核标准，做到了就是做到了，没做到就是没做到，没有任何理由和借口。No Excuse也是执行力的一种体现。

后记

结合前面服务理念部分总结一下，技术同学一般都是高智商、高学历背景，靠手艺吃饭，骨子里常常或多或少带有清高，服务意识比较欠缺，所以长期进行意识方面的培养是必要的。我们经常会陶醉在自己的代码中，殊不知客户不会去关心我们的算法有多么的精妙，而只是在想他们使用后业务的处理时间能缩短多少；我们需要交付的也不是一套多么高大上的完美系统，而只是要帮助客户更好更多的处理业务，赚更多的钱。最后，用哈佛大学西奥多·莱维特教授的一句话作为本文的结束语送给奋战在互联网一线的兄弟姐妹们：

> 人们不需要 10mm 的钻头，而是需要 10mm 的钻孔。
>
> ——哈佛商学院教授 Theodore Levitt

李峰

一个充满梦想和想象力的互联网人。搜狐公司内部 IT 主管，ITSM/BPM 资深专家，摄影师，驴友。2005 年毕业于西安交通大学管理学院，2010 年加入搜狐，负责集团信息化项目建设及运维管理工作。

破局运维

源起

21 世纪的第一个年头，我进入了互联网这行，一脚踏进了游戏圈。

在 2000 年，互联网行业还不像现在这么风生水起，计算机专业毕业的年轻人也不像如今这样遍地都是。在我毕业走向工作的时候，我面临着三个选择：去政府的信息中心，去中关村折腾电脑硬件，进入游戏圈。作为一个电脑爱好者，我带着满腔热血加入了当时一家拥有多项业务的游戏公司，这家公司就是后来代理了鼎鼎大名的《千年》和《红月》的亚联游戏。

在入职的第一年，我的职务只是一名网管，负责公司的办公网络的运营维护。在当时的大环境中，网络游戏还未兴起，《红警》、《星际》等局域网游戏正占据着市场的主流。公司也有意向将这些游戏包装后，为更大范围的用户提供服务。我就主动请缨参与这个项目，做技术支持，配合商务部门一起推进这个项目。我们当时凭着一股脑的热情，顶着北京的骄阳，一个一个小区跑业务，将游戏放到小区局域网上，让小区内用户可以联网游戏。这也可以算是最早将单机游戏转向网络联网游戏的一点点尝试。在那一年，我不知道跑了北京大大小小多少个小区，上门安装了多少联网的业务。现在回想起来，那一年于我，最大的收获不是摸熟了北京各大街道小区，也不只是积累了业务经验，更是在实际工作中真切的感受到了网络游戏即将兴起的大趋势。在项目的过程中，我发现了德国有一个适用于《星际》的战网平台（FSGS），就主动通过 ICQ 和对方开发者取得联系，成功获得了他们的支持，将这个平台带回国内，最终公司通过这个平台举办了当时国内最大规模的星际在线比赛。

入行

在那时，我是个新人，行业也是新的，没有人告诉你路应该怎么走，我所做的，只是尽全力做好自己应该做的，并且想明白做这些的意义。

日子转眼进入了 2001 年，网络游戏仿佛在一夜之间纷纷粉墨登场，我所在的公司做出了一个重大的决定，从台湾圣教士公司的手中接过网游《千年》和《红月》的代理权。在台湾人准备撤回台湾的时候，我冲到领导的 office，提出了一个很大胆的想法：让我来接手《红月》。按照常理，作为一个刚入公司一年的新人是没有资历做项目技术负责人的，可是当时的领导也许是被我的态度所打动，也许是领导战略安排的一种新的尝试。转眼我便走马上任，成为了《红月》项目的技术经理，负责《红月》在中国地区的运维业务。回想起来，自己这一次“大胆”的举动正是我职业生涯的一次重大转折。

从 2001 年的夏天开始，我的职业人生好像才正式的开始。然而作为新人的一年磨练，也深深地影响到我之后的工作。从那时起，我逐渐明确了一件事：公司让你做的不等于你要做的。当我还是一名网管的时候，我没想过自己很快就会成为一个大项目的技术负责人，但我始终知道，网管不会是我职业生涯的顶峰。到现在，常常会有人问我，我的理想是什么？坦白讲，我一直都没什么理想。我所做的只是努力，让自己一直在进步，每天都做的好一点，这就够了。

直到2003年年底，我一直在带《红月》这个项目，负责游戏的运维业务。在这期间，发生过两件事想同大家分享。第一件事是思考。在那个互联网保密技术还没有很发达的年代，客服人员每天都会接到许多玩家的投诉和报失电话，要求解决装备丢失或失窃的状况。这需要工作人员首先从数据库中筛选出这些玩家的信息，然后按照实际情况提供帮助，这无形中给客服人员带来了极大的工作量。我一直在思考，可不可以把这种费时费力的人工服务转为自动化解决。于是我多学了一点技术，编写了一个系统，玩家只要填写提交“游戏ID”、“丢失物品”、“时间地点”等，就可以在数据库中自助找回游戏装备。你看，我只是多想了一点点，多做了一点点，就大大地提高了工作效率。这件事不大，却一直影响着我的工作态度，凡事多想一点、多做一点，一切就会前进的快一点。所以，我把这堂课叫做思考。

第二件事是宽容。那时的我虽然担任了《红月》的技术负责人，却还是个不折不扣的新人。是新人，就一定会犯错，我也一样。那时候在管理游戏数据库的时候，没有经验的我误删了所有游戏玩家的数据库信息，这是一个几乎无法挽回的错误，而我也做好了辞职的准备。然而出乎我意料的是，当时的领导在得知这件事情后，并没有一股脑的责备我，而是异常宽容地原谅了我，同我一起加班加点，想办法挽回损失。这件事在我之后转向管理岗之后也一直影响着我：每个人都会犯错，而愤怒并不会让事情变得更好。

2003年年底，我被朋友拉去一起创业前，我一直在亚联做运维，在亚联的时间不算长，但是老东家教会了我一个新人应该学会的一切：学习、吃苦、敢想敢冲。“态度决定一切”这句话并不是鸡汤，它是事实。

之后的一年，和朋友们开始了艰难的创业梦，成立了一家小公司，所有琐碎的事情必须亲力亲为，一切责任和后果自己承担。也是在那一年，我由单纯的技术人员逐渐转向了管理岗，自己的职位也变成技术经理/总监。创业的艰辛并非三言两语就能言明，我也出于对未来的考虑离开了朋友的公司，虽然创业的尝试只有短暂的一年，但那一年我所修的学分，叫做责任。

之后的很长一段时间，我在重新寻找着自己的未来。一边漫不经心的投着简历，一边想着自己是不是应当换一份稳定的工作，离开互联网这行。直到一个阳光明媚的午后，我在家里接到了洪恩的前台电话——约我面试技术经理的职位。当下我有些疑惑，因为印象中我投的应该是这家公司技术人员的岗位，而非技术经理岗。带着小小的疑惑我还是准时去应了约。面试职位变化的小乌龙则是因为前任技术经理刚刚离职，一切都仿佛准备好了等我一样。几次面试下来，我成为了技术经理，后来这家公司，改名为完美世界，我在完美，一待就是十年。

完美之路

"我来完美是来学习的。"

十年前，我开始做完美的游戏运维，从不懂到懂，十年里，我一直在做运维。说起来，游戏行业作为一个非常新的行业并没有现成的教科书可学，十年的运维之路我也一直在学习和摸索。顾名思义，游戏运维部门的基本职能，就是为游戏的运行和维护提供技术支持，所以运维部门一直是站在最前线的部门。圈内有一句名言，"搞运维，都是被雷劈大的。"游戏服务器崩溃，找运维；游戏账号被盗，找运维；游戏只要出现问题，第一个找的，总是运维。

游戏的运维需要一定的技术知识和数据业务能力。做好游戏运维的第一关，就是同研发打交道。在完美建立初期，研发和运维的上班时间是不同的，研发那时下午 3 点上班，晚上 12 点下班。而我们运维中心上午 9 点上班，为了同研发多学习一些技术知识，我每天下了班就陪着研发一起加班到深夜，一段时间以后，我学到了很多技术，也同研发人员建立了良好的沟通关系。也许是我的态度打动了他们，许多年后我还和很多研发人员维持着一定的职场信任关系，这都是难能宝贵的财富。

学习，是在安逸的环境中能够存活下来的唯一方法。

可以说，这十年来我经历了游戏运维经验从无到有，从毫无章法到有迹可循的过程。慢慢的，我也对游戏运维有了自己的思索。由于运维部门是接触玩家的最前线，也最为方便获取第一手的玩家信息，我开始考虑依托于传统运维，拓展增值业务。从庞大的用户数据中挖掘出新的内容，学习新技术将运维流程标准化，解决工作中的效率问题。

作为一名职场人，工作带来的满足感远远大于领导的认可所带来的满足感，工作的目的绝不是为了工资，而是为了自身的增值。这一点，也许要工作几年后才会感受得到。在运维部门，工作大多是有些单调甚至枯燥的，出了问题要第一个站出来，项目成功也不会被追捧。因此，需要极大的耐心和信念来支撑。这些年来，部门的员工来来回回，许多单纯为了工作而工作的年轻人很快就会放弃，而真正坚持下来的，是那些在工作中找到自身价值的员工。我常常告诉部门的年轻人，工作不全是生活，但却是生活最重要的一部分。不要为了做事而做事，要搞明白为什么做事。每个人的生命都是有限的，在短暂的一生中，一定要做自己认为最重要的事情，不要给人生留下遗憾。

我没有太大的理想，我只是保持每天都学习一点，每天都比昨天好一点。

进入互联网行业，进入游戏圈，一切只是源于自己年轻时对游戏的喜爱。一路走来，我似乎都在做游戏运维这一件事，然而，我却不敢说我做好了这一件事。

在网络游戏刚刚兴起的时代里，游戏运维的概念还没有太明确，只是有一群类似网管的人在做着游戏的各种技术支持。随着网络游戏的成熟，运维在整个游戏体系中所占的地位越来越重要，我常常把运维工作比喻成一个碗的碗底。当游戏正常运营的状况下，碗底的工作常常被掩盖、不被人注意；而一旦游戏的运维状况出现了问题，整个碗都将是空的。传统的运维工作人员常被人形容为“打杂的”，这反映了运维工作的琐碎。我在做运维的这些年，真切体会到这份工作业务的广泛，每一位运维人员都默默地承担着许多。在我刚入行的时候，犯过许多大大小小的错误，幸运的是，这些都没能让我放弃。

在我的部门，有过这样两个年轻人。年轻人 A，名校毕业，拥有多家名企实习经历，技术能力很强，初来公司很受领导重视。初来乍到，工作热情高涨，然而做了一段时间的基础工作，热情开始消退，每天抱怨连天，认为自己应当担当重任，不应该每天消磨时间去做琐碎的基础工作，多次向领导旁敲侧击希望升职。年轻人 B，普通学校毕业，没有工作经验，不善言辞，来到公司之初并不受重视，承担的几乎都是又苦又累的基础工作，还经常替别人加班。奇怪的是，他每天早上都带着笑容，精神饱满第一个到公司。半年之后，部门举办个人汇报会，A 在这半年中只学会了几项几乎没有技术含量的工作，整个人的状态也很颓废，抱怨连天。B 则列举了他学会的业务、接触的人，并且提出了现有业务中出现的问题和解决办法，他甚至利用业余时间帮助公司编写了一个小程序，可以大大提高服务器 Bug 问题的解决速度。汇报会之后，A 终于辞职，选择了离开。B 的建议被采纳，受到领导的器重，一年之后升为项目组长。

这里的 A 和 B 并不仅是具体的某个人，也是我在这十几年中见到的年轻人的缩影。每一位初入运维岗位的年轻人，都有一腔热情，想要在工作中做出点什么。然而，实际工作是琐碎、平淡，甚至是无聊的。每一位“运维人”首先要具备的，就是坚持。我们的工作是“碗底”，只有数十年如一日的坚持，才能让碗越来越满，越来越大。除了坚持，还要学会学习和思考。少林寺的“扫地僧”几十年始终如一扫地，最终练就了绝世武功，而这并不是只靠埋头扫地得来的。从每天琐碎的工作中抽离出来，从每天纷繁复杂的数据中理出头绪来，这才是最难能可贵的。

随着网络游戏的发展，我的运维工作开始侧重于搭建数据库，建立自助业务模型。随着工作的深入，我越来越感受到数据业务能力对当今运维人员的重要性。从数据中，可以看到整个游戏运行的方方面面，也可以看出游戏中出现的问题和改进的方向。这是我在运维工作十几年中的一点感触，也希望未来可以把这部分业务完善起来。

未来

先过好现在，才会有未来。

从 20 世纪文字 MUD 游戏出现到如今 3D 网络游戏的盛行，网络游戏已经走过了最初的爆发期，而且在不断地进化着，每一位网络游戏行业的工作者也需要相应的进化。最初的网络游戏行业是个性化的，没有先例、没有教科书。现在，这一切都在向着标准化发展。相应的，这个行业所需要的业务素质也在进化。不同的岗位，需要不一样的素质。而究竟何种素质才能在职场站稳脚跟，我认为态度是最重要的。脚踏实地、坚持学习、勤于思考，这才是永远不会过时的职业态度。

在我看来，游戏运维工作或许有些琐碎、有些压力，但于我，却是最有价值的。入行十四年来，我换了三份工作，却只做了运维这一件事。当我踏进游戏圈的时候，我并不知道自己想要怎样的未来，也没有想过要获得多大的成功，我一直在做的，只是努力学习，一点点的进步。现在很多人在谈职业规划，仿佛人生一定要切割成一个个的目标才算合适。我所理解的职业规划，是一个方向。当你刚刚毕业迈向社会的时候，一定要选择最好的行业，努力进入最顶尖的公司，去接触其最核心的业务。有人说，我们进入网络游戏圈的年代，是一个“只要站在风口，猪都能飞起来”的年代。那么，当下风口在哪儿，又往哪儿吹，则是我们每个人都必须面对的问题。有人说，游戏行业的第一个爆发期已经过去，下一个爆发期还未到来。游戏行业在进化，每个从业者也在进步。我们所能做的，只有先过好每一个现在，不断努力，不断前行。

赵翔

2000 年以来，一直在游戏圈从事技术运营工作。2005 年加入完美，担任系统部经理负责公司产品的线上维护工作。后续业务范围逐步扩大到游戏产品运营的全部技术环节。期间带领团队实践 ITIL 管理，并通过了 ISO 20000 的认证。主导开发了完美的自动运维系统、BI 系统、运营平台项目和数据平台项目。

运维随笔

第一部分：产品化思维做运维

什么是运维？很多人经常将传统企业的网管和运维等同起来，认为运维工作就是搬机器、修电脑、拉网线等所谓"苦逼"的脏活累活；稍微有点互联网意识、具有一定"先进性"的人，会认为运维工作就是技术中的"消防工作"，运维专为解决网站故障而生；其实这些都并不是运维工作的精髓。

运维是集导演、编剧、演员于一身的具有高度挑战性的工作。运维能让一群呆板的网络设备、机柜、网线、服务器设备、电源线、软件等有机地组织起来，并赋予它们生命，让所有的一切有秩序地"活"起来，有秩序地"奔跑"起来，将应用和产品最好的体验呈现给用户。展现在用户面前的网站，背后其实是广大用户看不到的一大堆软件和硬件组成的一个庞大而复杂的系统。确保这个系统欢快地滚动起来，365 天不知疲倦地奔跑着，需要有成熟的规范和高超的运维体系。如何运作和迭代这样的运维体系就变成运维攻城狮们的终极目标。

其中产品化思维是打造高效稳定灵活的运维体系一大利器，借用《精益创业》[①]中的一些章节和思想，总结了一些适用于运维领域的产品思维。

首先，运维存在的唯一理由是为用户（外部用户、内部用户）提供价值，做好运维的前提需要深入了解用户需要什么。面对众多需求，学会做减法，利用各类定性、定量分析（如调研等），来寻找用户的最痛点，找到核心和本质的需求。比如日常产品的发布上线，产品部门希望能快速开发，快速上线，将最新的功能或产品特性尽快交付给用户，研发部门希望能每天迭代多个功能并可根据实际需求快速上线发布，并在上线过程中能做到不过度依赖运维，降低协作成本，提升发布效率。此时，运维如何重建之前规定的各类发布流程和规范，来满足产品部门和研发部门这一痛点呢？解决了这个问题，意味着我们为用户创造出了新的服务价值。

下一步，找到对应的解决方案，同时还需要验证所了解到的需求或假设，以最低的成本来验证对应的解决方案能否满足用户核心需求。

如何降低探索解决方案的成本？极简尝试（MVP）、快速迭代，小范围交付使用等都是可以降低成本的方法。

就发布交付这一需求，假设运维提供一套可以让开发人员或 QA 用于自主发布的平台。除了开发人员和 QA 的需求外，运维人员自身对系统安全性、稳定性的需求也需要考虑。比如，发布时如何实现灰度发布，如何实现新旧版本平滑切换，如何快速回滚等。

最后，需要进一步将解决方案产品化，如何进化、复制和推广到更多的用户。比如发布平台，可以快速开发部分功能，并邀请某一个小的研发线做小白鼠，进行需求验证和用户体验验证，在快速验证过程中不断挖掘用户更核心更本质的需求，并不断完善迭代发布平台。

---

① 埃里克·莱斯著，吴彤译. 精益创业. 中信出版社，2012.

总之，运维领域的任何一个流程、一个规范、一个制度，甚至一次变更，都可以当作是一个小产品。概括起来如下。

1. 需要明白我们为什么要做这件事（目标、目的）。

2. 找到关键点和解决方案（借鉴、调研和思考）。

3. 极简验证（是关键点吗？解决方案靠谱吗？）。

4. 复制、推广、持续改进。

5. 循环步骤2～步骤4，不断迭代改进。

6. 定期重新思考1。

第二部分：运维养生

运维体系就如同人体，需要各类规范、制度、流程和自动化平台的有机组合，并不断完善成长和新陈代谢。

人体有了感官系统，可以通过触摸、听、闻等各类动作来感知丰富多彩的世界，运维体系也如此。通过立体化的监控体系——业务指标监控、应用异常监控、基础监控来及时感知整个网站系统的变化。

人体通过消化系统来吸收来自外界的各类营养，运维体系中的变更管理系统也类似，需要有对应的记录和审核，让变更对系统而言变得更强大、更有活力，避免不严谨的变更寻致系统“生病”或发生故障。

人体还有一套很强大的免疫系统，而且是随着和不同病毒战争而逐渐强大起来的。运维体系中的免疫系统就是各类应急预案、容错方案、降级方案等，随着新的隐患或故障出现，运维体系也会不断地完善其免疫系统。

可见，运维和养生之道有很多异曲同工之妙。

注重养生的人讲究平日调理和锻炼。运维一个系统也需要讲究日常的调理，比如运维规范是否落地、系统容错处理是否妥当、系统之间依赖是否合理、系统之间关键依赖路径是否足够简单、各类关键依赖监控是否到位。

除了日常调理之外，还需要定期锻炼，比如进行系统压测、评估系统容量以及应急演练等。

作者简介

彭海平

十多年互联网从业经历，开发、系统集成、运维都有所涉猎，亲历过新浪、前程无忧、大众点评网等互联网公司的黄金发展期，也曾热血沸腾参与过 2 年多的创业过程。硕士毕业于上海交通大学。

大型开源分布式平台实践心得

最近几年，得益于国内网民红利，互联网公司发展迅速。互联网公司的用户数和公司市值越来越大，随之而来的是数据量急剧膨胀，很多国内互联网公司的数据规模都进入 EB 时代。在大数据概念越来越热的今天，为了最大程度地发挥数据价值，对数据的各种处理和挖掘需求也越来越多，这也促进了大型分布式存储和计算软件的快速发展，导致集群规模也越来越大。对于国内的 BAT 而言，大型分布式集群的总服务器规模都在几万到几十万之间，这在四五年前都是难以想象的。2006 年左右的时候，如果听说某家公司服务器规模超过一万台，都觉得是个非常了不起的数字，现在回头来看，就觉得只是一个很小的数字了。

我是 2010 年入职 360 的，记得刚入职的时候，这边的基础平台还比较薄弱。至今还能清晰的记得 2010 年年底我们和许许多多的小公司一样，刚刚建立起了公司第一个 6 台服务器的 Hadoop 集群（2 台主节点、4 台存储服务器），规模小得可怜。但随着公司业务的快速发展，在不到 4 年的时间里，我们的 Hadoop 集群的总规模很快突破了 10000 台，单个最大集群规模也达到 5000 台左右，数据量也从 TB 级别增长到了目前接近 EB 的级别。无论是集群规模还是数据量都发生了翻天覆地的变化，而且发展速度越来越快，远远超过我们的预期，每次总结的时候都会发现实际数据规模远远超过之前的规划。

目前在 360，除了 Hadoop 在公司的大规模发展外，同时根据不同业务的需求，我们在 Cassandra、HBase 等平台方面也逐步发力，集群规模也快速膨胀（Cassandra 和 HBase 规模目前应该都是国内最大的）。在存储集群发展的同时，MapReduce、Storm、MPI 机器学习等计算平台也同样在快速发展中，尤其是我们利用公司大量 CPU 较空闲的服务器搭建了一个超大实时计算集群，提供各种实时统计分析、搜索网页处理、安全样本分析等业务使用，大大提高了空闲服务器的使用效率，节省了公司大楼硬件采购支出。

从研究生期间，实验室研究方向是并行与分布式计算，毕业后在互联网公司一直从事分布式软件方面的开发和优化等工作，在经历了公司这几年在平台方面的大发展后，我遇到了问题，踩了很多坑，但最后都算有惊无险地解决了面临的调整。我总结了一下最近几年在大型分布式软件实践方面的几点心得，一方面是对自己工作的梳理，同时也希望能对业内负责同样工作的各位有一些参考价值。

开源还是自主开发，取决于企业诉求

在大型分布式软件方面，很多公司会面临使用开源软件还是自主从头开发两种选择。像国内的大型互联网公司 BAT 在使用开源软件的同时，也在并行地开发类似的平台，经常会有人问我这个问题，到底是用开源还是自主开发呢？

对于刚起步的创业公司或规模较小的公司而言，基本上是不可能投入大量的人和时间成本去开发这样大型的系统。因为对资源有限的公司而言，应该将有限的资源投入到公司最核心的业务开发或产品试错上，拥抱开源应该是最好的选择。

那对于有一定实力的大公司而言，是否就一定需要自主开发呢？个人认为从技术的角度或者从快速满足需求的角度，如果某个领域已经有相对比较成熟的开源软件了，那直接使用开源软件基本上就能满足公司需求了。有些不满足的地方，自己的技术人员也可以根据需要定制开发一些自己独特的功能来解决，大可不必浪费大量人力和时间成本去重复造轮子。站在巨人的肩膀上，当然要比从零开始快，同时风险系数也小很多。所以开源加定制是一个比较好的选择。

当然这只是从技术或实用的角度来看。有些公司可能会出于市场公关的角度或个人成就的角度选择自主开发，还有大家听得非常多的所谓自主可控等原因去投入大量人力自主开发，企业诉求不一样，选择也不一样，选择适合自己的最重要。

选型很重要，根据不同的需求选择不同的方案

在分布式存储方面，数据类型是多种多样的，有结构化数据，也有非结构化数据。有些数据由海量大文件组成，也有些数据由海量小文件组成……这就导致数据存储需求多种多样。同样在分布式计算方面，不用业务的计算需求也多种多样，有要求高实时性的计算，也有要求高吞吐的计算，有多轮迭代的计算，也有流式处理的计算……因此对计算平台的需求也是多种多样的。

如何选择适合业务需求的平台就变得非常重要了。在使用之初，一定要对即将使用的开源软件进行仔细研究和分析，主要是研究不同平台的优缺点及适合应用类型，然后为不同应用需求选择最适合的方案，例如 HDFS 这种架构的

平台，不适合存大量小文件，因此存储海量小的业务（如小图片、小文档等）就非常不适合直接存储到 HDFS 上，相对而言采用 HBase 这样的方案就要好于 HDFS。例如像 M/R 这样的计算平台不适合处理有大量迭代的计算任务（每次迭代数据都要写入 HDFS 并从 HDFS 读出来，效率很低），所以机器学习相关的计算就不是很适合在 M/R 平台上运行，采用数据都基于内存的计算平台就会比 M/R 平台更适合。曾经有公司用 HDFS 这种类似的系统存网络收藏夹这样的小文件，当文件个数很快超过 1 亿的时候，主节点的内存压力马上就出来了，差点造成事故。

目前 360 内部针对存储特点，考虑到在线业务对服务可靠性的高要求，在线业务存储平台采用和离线业务存储平台不同的方案。在线业务的存储方案采用无中心架构的平台，这样很好地避免了某些关键节点宕机所导致的服务不可用情况的出现，同时也可以做到类似平台升级而业务部门完全透明。离线存储需求考虑到追求的是高吞吐的大数据处理，可以容忍短时间的不可用，所以可以用 HDFS 这种有中心的架构（当然现在最新的方案里面 HA 也有了），同时在计算方面，针对不同的计算需求，分别运行在 M/R、Storm、机器学习、Spark 等平台上。

代码阅读和分析是基本功

如果选用了相对成熟且和自己业务特点很匹配的方案，那基本上满足需求就没问题了。基本可用性问题解决了，能否用好那又是另外一回事了。

很多人都会觉得，开源软件用起来也没什么问题了，尤其是很多相对成熟的开源软件在小规模使用的时候出现较大问题的概率还是比较小的。那么，是否就不需要花人力在对它的研究尤其是分析代码了，只是用就可以了呢？

平台在实际使用过程中，因为环境变化、规模增加、服务压力变大等各种变动都会导致集群不能提供稳定且高效的服务，如服务变慢、请求拒绝、各种报错等。这时如何定位问题产生的原因就非常重要了，只有将问题原因找到了，才能有针对性地解决。如果对平台不了解，定位问题就是两眼一抹黑，无从下手。有些热门问题可能社区和网上可以搜索到现成的答案，但大量非热门的问题（如仅仅因为自己的环境才导致的问题）是很难直接从网上找到答案的。那怎么办呢？就只能靠自己的技术人员一点点地去分析平台代码、算法、各种处理流程等，如果平时基本功打好了，关键时刻出现问题解决起来效率就高了。

在定位问题之后，很多的 Bug 修复或性能优化都会涉及代码修改，如果对代码和架构不熟悉，是不敢轻易修改上线的，轻易修改后的结果可能会在解决一个问题的同时引入更多的 Bug。所以要用好一个大型开源平台，是需要对开源平台有大量研究和分析的，包括阅读大量代码、分析各种处理流程和实现算法。我们公司的任何平台都是由专门技术人员不断分析各个关键模块代码和算法，在不断使用各种循环迭代，最后对平台的掌握越来越多，定位问题的速度也越来越快，解决 Bug 效率也越来越高，技术人员对于掌控平台的信心也越来越足。最后导致的结果是 Bug 越来越少，平台越来越稳定。

阅读和分析代码是一个很艰难也很枯燥的过程，很多技术人员喜欢自己写代码而不是阅读别人的代码。这也是很多技术人员在接手别人项目时都倾向于推倒重来而不是基于原有代码修改的原因。如何让技术人员快速通过阅读代码加深对平台的理解呢？我们有一个好的经验是将开源平台切分成若干部分，每个部分安排一个人一段时间如一周重点阅读，然后给相关技术人员串讲，串讲过程中大家会问很多问题，通过这些问题的反复讨论加深对平台的了解，同时讨论过程中会发现很多理解不透彻的地方。记录下有疑惑的地方后下周继续分析和讨论，一轮轮迭代、长时间的积累之后对平台的理解就慢慢加深了。一般而言，个人经验是好的技术人员需要将这个过程持续一年左右，才能保证对平台有一定的理解，另外一个就是重视各种问题的分析，分析问题和验证问题的过程也是一个很好的加深代码理解的过程。

重视运维，为平台保驾护航

基础平台作为一个大型服务，时时刻刻都有大量的业务进行各种各样的访问。服务的稳定性决定了业务部门使用平台的信心，很多平台最后以失败告终，很大程度都是因为稳定性无法保证，三天两头出问题的平台估计谁都不愿意继续使用。如何确保平台的稳定性呢，其中很重要的一点就是运维工作要做到位，对运维工作再重视也不为过。

首先监控要尽量全，保证能监控到系统重要的各个方面，尤其是主节点这样的关键节点监控更是要全，确保重要信息能监控到。监控的信息不仅包括系统级别的如 CPU、网络、I/O 等信息，还要包括进程级别的各种信息如进程个数、打开文件句柄数、Socket 连接数等信息，甚至还要监控到应用各种日志级别的信息。

其次是报警要做到位，将系统各种隐患或问题通过短信、邮件或其他方式报告出来，以便及时处理。这时会面临一个通用问题，那就是报警信息的筛选问题，随着监控信息越来越多，产生报警的信息页也越来越多，如果报警内容和策略设置太严格，可能会导致有些关键信息报警报不出来。但如果报警内容和策略太宽松，就会导致大量垃圾信息报出来，就像狼来了似的，久而久之接收报警的人就麻木了，真正关键的报警报出来后反而没人处理了。所以在报警策略设置、报警信息的去重等方面需要随着变化不断调整和优化，做到关键信息一定要报出来，无用信息或冗余重复信息尽可能少报或不报。

最后是数据分析，没报警不代表集群没有问题，很多问题的爆发也不是突然发生的，它有一个累积过程，也就是很多隐患其实在事故前就已经存在了很长时间了。如果在平常对系统各个指标加强数据分析，发现不符合预期的指标，然后去查背后产生的原因，往往都能找出很多隐藏的 Bug，一定要提前修复而不是等到出问题后再去补。

对问题要较真，大胆假设，小心求证

在使用过程中，平台会产生各种各样的问题，这时候很多工程师容易犯的错误是想当然。想当然认为问题的原因是什么样的，然后要么忽略，要么按照想当然的原因去找解决办法，其实很多想当然的问题的原因其实是错误的。如果按照错误的原因去解决，就会出现南辕北辙的情况，想了很多办法，花费很长时间，但最后仍然解决不了问题。现实中经常会出现这样的情况，一个问题总是彻底解决不了，因为问题本来就不在这。好了一阵，过一段时间又暴露出来了，无论怎么做都无法彻底解决这个问题。即使是经验非常丰富的工程师也很难保证每次猜测的原因都是对的，那怎么解决呢？这时就应该发挥大胆假设、小心求证的精神。可以允许你大胆猜测各种可能的原因，但每个原因必须通过实验或数据的验证，保证结论的可靠性，而不是默认猜测原因是对的。有时甚至从一个方面求证还不够，还需要从不同方面分别求证，直到各个方面求证的结果都符合猜测预期，才算真正求证成功。

在公司平台持续使用过程中，在问题定位过程中，针对可能的问题原因，我们提到最多的是有什么证据或用数据证明你的假设，反复地挑战各种假设。多问为什么，最后经过几轮反复的验证和讨论，才能逐步找到问题的所在。只要问题真正的原因找到了，解决起来相对于定位问题的话就要简单很多了，做技术的同事应该对此深有体会。

在求证的过程中非常难的一点是怎么做到快速验证，因为一个问题的原因在猜测阶段会有很多种可能，如果每个可能验证都花费大量时间，这样会极大地影响定位效率。所以在求证过程中一定要非常注意效率，如果某种方法求证时间过长，那应该尽快调整换一种更快更高效的求证方法。

结束语

分布式存储和计算领域目前还在以极快的速度发展，新的平台不断涌现，老的平台随着数据规模和计算规模的扩大，问题不断暴露，需要不断改进。给从事基础平台的人员提出的挑战也越来越大，只有怀着不断学习的心态，才能与时俱进，跟上业界步伐。

作者简介

唐会军

2006 年加入百度，百度系统部技术负责人，负责 Linux 系统优化定制、搜索架构优化、虚拟化、分布式、硬件等基础架构相关工作。2010 年加入 360，任系统部总监，负责公司大数据存储、计算、云主机等基础架构相关工作，支撑公司搜索、安全、云计算等业务的快速发展。

凡客 IT 运维管理之路

VANCL（凡客诚品）由卓越网创始人陈年创办于 2007 年，产品涵盖男装、女装、童装、鞋、家居、配饰、化妆品等七大类，支持全国 1100 个城市货到付款、当面试穿、30 天无条件退换货。创立六年以来，凭借极具性价比的服装服饰和完善的客户体验，凡客诚品已经成为网民购买服装服饰的主要选择对象。

凡客成立之初的 IT 系统无论重基础设施还是软件系统架构，都是非常简单甚至简陋的。随着知名度和访问量的逐步提高，电子商务网站赖以生存的 IT 系统经历了多次变革，有业务需求驱动的，有用户访问量驱动的，有的则是技术部门为提升自身价值驱动的。作者本人有幸经历凡客初创时期和繁荣时期的 IT 系统建设，通过此文将此过程中经历的一些教训跟大家分享，希望对后来者有所启发。

高速发展导致的挑战

2010 年，凡客进行大规模品牌推广活动，先后推出代言人、凡客体等经典的营销手段。与此同时，网站的访问量和订单量迅速翻倍，每个月各种形式的促销导致技术部门需要应对大访问量带来的对系统架构的挑战。

从运维人员的日常工作来看，主要有以下几个方面。

→监控告警←

每天上班，运维人员需要查看各系统流量数据，处理各种告警、网络吞吐、CPU、内存、I/O，从 Cacti、Nagios、应用监控系统中发现图标的异常。每一个凸起或凹陷都要找到对应的事件，是软硬件异常还是因变更、上线导致的正常波动。

→支持需求←

随着技术队伍的不断壮大，业务系统拆分得也越来越细。凡客的业务系统中，仅 WebService 就有一千多个，每一个都有详细的文档说明、环境要求，这么多的应用，每天发生的上线、变更数不胜数。

→操作系统的打补丁、数据的备份和恢复←

我们有上千台的 WebServer 和数据库服务器需要每天进行补丁的筛选、测试、打补丁和系统备份，一次失败的打补丁或备份都可能造成严重的后果。

标准和流程

随着各业务系统的需求和人员的增加，业务系统的功能上线也越来越频繁，用到的 IT 设备和 IT 技术也是纷繁多彩。服务器有多个型号，操作系统有 Windows Server、CentOS、Redhat Linux 等。各种应用更是多种多样，这不仅对运维人员的知识体系形成巨大的挑战，还给运维的管理效率提出了更高的要求。

→软硬件标准化←

随着服务器采购得越来越熟练，服务器硬件配置由开发经理提起需求，逐步转变为标准化配置以简化运维工作。我们将服务器固定为几个标准以满足不同类型的应用，如 WebServer、CacheServer、只读数据库、读写数据库等，服务器硬件标准化后就很容易实现操作系统的模板标准化，这给运维人员批量自动安装操作系统、维护更新系统模板带来了很多方便。

→基本配置标准化←

硬件和操作系统标准化后，就容易推进系统环境的标准化。通过长期的测试和运行数据总结出一套标准的配置并使用脚本固化，不仅将补丁规范、分区规则、服务开启、账户管理、安全策略等根据不同应用场景做了规范，更避免了运维人员个性化的配置，实现了个人经验到集体经验的转变。

→规范流程←

说到流程，不得不用两个事例说明流程的重要性。

公司成立初期由于系统简单、变更或上线也比较少，所以上线发布活动都是经过部门老大口头或邮件批准即可，但在执行过程中口头往往不严谨，即使邮件也不能将发布过程中可能造成的影响描述清楚，项目实施人员为快速满足业务部门需求，测试不充分、上线过程不严谨等问题也暴露出来。

最经典的一个案例相信大家都有体会，某位“好心”程序员发现某个服务性能不够理想，于是修改后找到运维的小伙伴晚上上线，倒霉的是没有发现一些关键功能依赖此服务，导致影响用户添加商品到购物车，这直接影响用户下单。

还有一次程序员拟上线某功能，请运维人员支持上线，这个上线从周一到周五连续 5 天都上线失败回滚，运维人员实在坚持不住告诉了我。经过了解发现，由于这个功能关联的服务太多，而且上线前根本没有进行集成测试！

这两个看似平常的错误，暴露了从项目管理、发布管理、变更管理等流程方面的严重问题。

从项目管理开始，由于项目经理的不同喜好，使用了 Windows Project、JIRA、Redmine 等项目管理工具，文档管理中项目的信息、文档存在于各种项目管理系统和共享文件夹中，在技术中心内部有多个版本的 Wiki，对于信息和知识的共享极其不便，运维部门对各项目的了解雾里看花，这对无缝的支持有很大的挑战。同时，开发人员对运维部门的工作不了解细节，也产生很多抱怨。

于是我们开始集中解决流程问题，首先将项目管理统一到 Redmine 平台，将业务系统进行统一分类管理，将文档集中在一个 Wiki，并参照 ITIL 自主开发的监控系统、事件管理系统、变更管理系统（兼做发布管理），这不仅使项目信息高度透明，也使设计、开发、运维各环节的信息第一时间共享。在业务生命周期内，需求部门的反馈也能及时被技术部门了解。

运维自动化

运维工作的标准化使新人每次的上线支持慢慢固化，这就使得大量的运维工作变成机械的熟练工种，经常会发生运维人员对于每次上线发布的支持都非常的机械和无聊。由于电商上线都需要在夜间流量最低时进行操作，这造成每天都有人需要半夜爬起来做变更和支持上线。为提高大家的效率，决定针对性地开放权限给开发人员，利用程序和脚本实现审核后自动部署上线。这一方面减少了大量的人工重复操作，也大大降低了因误操作造成的系统故障。完成上述各环节的标准化建设之后，将其实现自动化成为了可能，自动化是实现提升运维效率的不二途径，凡客的自动化运维主要有以下几个方面。

→系统安装自动化←

凡客数据中心三要使用 Windows 和 CentOS 操作系统，目前的自动化安装技术可以很好地管理系统镜像，我们使用独立的管控网络来实现服务器批量上架、自动安装操作系统。

→系统配置自动化←

操作系统安装后，利用脚本将标准的系统配置推送到各服务器，经简单测试后即可上线服务。

→问题的处理过程自动化←

这里说的问题处理过程自动化，不是系统出了问题能自动修复。凡客利用自主研发的监控系统将 IT 基础设施到业务系统应用统一监控，实现问题的发现自动化。根据对系统故障的分级定义，任何环节的故障都能够被及时、准确的发送到相关 Oncall 值班人员（开发、运维）的手机，并实现了不同严重级别的告警自动升级。如果 Oncall 人员在规定时间内没有响应，则问题会自动升级到其主管，重要的系统则是直接发到 VP。

问题的处理过程均实现系统跟踪，每个环节的处理过程都被记录，典型的问题处理会被提炼成知识文档在 Wiki 中共享。

小结：当今云计算、大数据技术日新月异，运维相关技术和理念也亟需革新，原有技术架构下的运维流程、自动化工具也要变革。运维人员学习并应用新的 IT 技术，由被动地响应业务需求，变为主动服务于业务战略，用量化的 IT 数据更好的给业务部门提供反馈，并根据业务需要来调整运维流程是体现运维价值的王道。

作者简介

高晓磊

凡客诚品（北京）科技有限公司助理总裁，北航软件工程硕士，有 10 余年网络架构及运维管理经验，于 2008 年加入凡客，带领团队经历了凡客从 20 台服务器到数千台服务器的网络架构、系统运维、信息安全体系等建设工作。

Social Game 系统架构实战

2010 年前，公司主要是以开发运营社区游戏为主，当初主要在腾讯开放平台上运营，当时用户量非常庞大，架构也进行了多次的调整优化，我将当初的一些技术点整理成交，以供参考。

首先来了解下社区游戏本身的业务特点的：

- 因为依托于腾讯平台，其用户量非常大，一年左右我们的注册用户量都超过了 1 亿，平时也是百万在线。由于用户量大，对数据库的读写特别频繁。
- 社区游戏和 Web Game 及 MMO 的游戏在设计和部署上不一样，不能分区分服来部署，如一服、二服、电信线路、联通线路等。
- 对于游戏来说，系统的稳定和数据安全就是生命，所以在稳定性和数据安全方面要求高。
- 因为游戏本身是依托于开放平台，其交互都是通过广域网交互的，所以 API 接口延迟较大。
- 大部分游戏的开发使用 Flash+LA/NMAP 技术。

基于以上游戏特点，我们的架构采用传统的架构，大致的示意图如下：

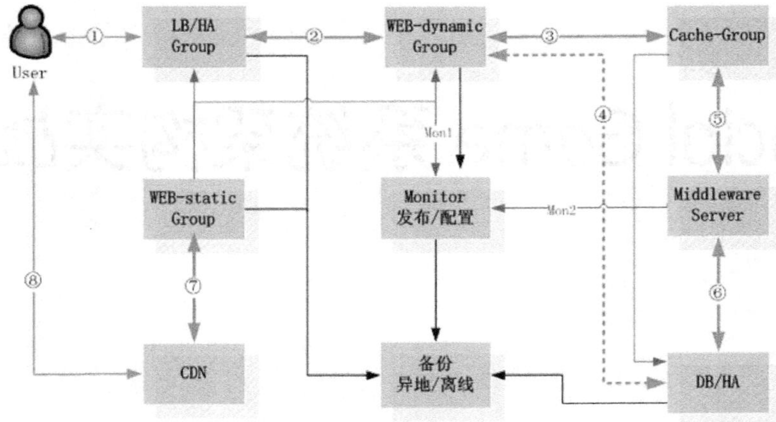

整个系统尽可能考虑到高可用、高安全、高性能和低成本，但是成本和前三者大部分的时候是有冲突的。所以这个时候，整个系统要求随时做到降级服务，在可用性方面，大致如下实现：

- Web 服务：则用 LVS 或者 HAProxy 结合 Keepalived 做 L4 或者 L7 的高可用。
- Cache 层次：使用一致性 Hash 或者其他 Hash 方式来避免单点。
- DB 服务：主要是基于 MySQL 自身的 MySQL-Slave，也曾想考虑用 LVS 来做端口转发，用 LVS 做前端的代理层有个好处，就是当 Master 宕掉了，自动切换到 Slave 上，前端代码上不用做任何修改。

在性能、安全方面，大致通过一些规范来约束实现，这些规范大致分为：前端技术规范和后台技术规范。

→前端技术←

- 静态资源使用 CDN：将嵌套在网页上的诸如，JS、CSS、Flash、图片等静态资源必须使用 CDN。

- 前端 Flash 程序异步拉取一些数据：比如好友信息之类的，这些信息实时展示性不高。
- Flash 本地 Cache：就是将一些读频率较高又比较大的数据在用户端写到临时文件，避免实时请求服务器，这样做也可以实现容灾和提升用户体验。
- 多浏览器支持：必须支持 Firefox、Chrome、IE6、IE7 等，当时 IE6 还占有很大的市场量。
- 用户端 CPU、内存占用量必须在某个阈值下，不然就会有卡顿现象。
- 流量优化：资源拉取、资源文件压缩，粒度到单个文件

→后台技术←

1. 数据库设计（使用的是 MySQL-5.1）

- 按照读写频率分级：根据对数据库读操作多还是写操作多进行分级部署。
- 数据分布：垂直分、水平分，这个都耳熟了。
- 使用 Key-Value、二进制存储：因为游戏数据格式相对比较单一，所以一般将一个用户的所有数据放在一个字段里，这样就是 Key-Value 的结构，但是考虑到数据有点大，所以必须用一定的算法做压缩。
- 支持在线扩容：扩容服务器不能停止服务，这个在核心功能模块是必须要实现的。
- 核心数据重点保护：使用 MySQL 本身的 Master-Slave 机制做在线备份，提供高可用。

- 数据库使用 Innodb 的表引擎。

2. Cache 使用：多级 Cache，从浏览器、代码、中间层、系统级等

- 灵活运用 Cookie：对数据小、更新不频繁、读频繁的数据设置 Cookie，减少请求，当然这个 Cookie 是加密的。
- 使用类似 APC、Xcache 实现 PHP 的 Opcode 缓存。
- 使用 MemCache 等 NoSQL，特别对于读频繁数据的缓存。
- 使用队列：适用于写频繁的业务。
- 批量读写：减少 I/O。

3. 其他方面

- 尽可能使用 UNIX 套接字：效率高，我们的 PHP-FPM 就是用的 UNIX 套接字，比 TCP 方式效率高，性能差大概 20%。
- 尽量不使用 Session。
- 对 DB 使用 XFS 系统。
- 对于 Web 机器打开 TIME_WAIT 的快速回收和复用。

有了上面的规范，然后在上述的每条规范设置一定的分值，这样就方便进行架构评估了。在进行开发前我们也会对整个架构进行评估，类似居住证的打分，根据打分结果，对照分数的级别，就基本可以确定当前系统可以支撑的量级。

附上对应表：

分数

<60 分：重构

65 分：几十万

75 分：百万级

85 分：千万级

除了上面的这些，流程控制和监控方面也不可缺。为了快速迭代，很多流程也简化了，但在上线流程方面相对严格点，必须在开发、测试、运维、产品确认后都没问题了才能发布上线。对于监控工具我们用的是 Zabbix，主要在：接口延迟、次数、失败率、应用层监控、系统网络层进行监控等。

也许有人会问，业务数据分析怎么没提到，这个在我们公司是由另外一个部门来负责，用 Hadoop，这里就略过了。

在人力安排方面，运维的人员是一个半人。之所以有半个人，是因为这个工程师还同时负责其他业务。相信在初期的公司，都是一个人负责多个业务的，我们也一样，因为这个时候运维总共只有两个人。

通过以上的规范的设计和大家的努力，当初系统支撑的平均单台服务器可承载 1-1.5 万用户（30 分钟在线，腾讯后台那边记录的是这个数据）。

以上是 2010 年的做法，如今随着业务的变化和新技术的成熟，我们也使用 OpenNebula 作为私有云平台。再基于此做了一些二次开发，将经常使用到的功能比如虚拟机的管理、NoSQL、MySQL、域名等整合到一个平台，这样业务部门就可以在该平台上自行管理，运维的同学大部分的工作主要是该系统需求设计、开发、工单的审核以及后端服务器的维护，尽可能地不用登录服务器就可以管理。

很多年来运维一直是苦逼的活，现在我也经常跟兄弟们灌输一个理念：其实任何人都是一个管理者，只是管理的对象不一样而已。而且运维工程师要修炼独到的武器和创建很多“兵”（程序）来帮你干活。工程师是管理者和指挥者，逼格是不是高了？

作者简介

徐建红

徐建红，上海恺英网络科技有限公司运维总监。

WBS 在互联网软件项目开发中的应用

因为互联网服务交付的特殊性，互联网团队比传统软件团队得以更多得采用敏捷的模式进行开发。User Story 是敏捷软件开发中的一项重要实践，用于描述对用户有价值的一段功能点。

但是怎么来编写好的 User Story 呢？敏捷手册里仅仅给出了若干 INVEST 原则：Independent、Negotiable、Valuable、Estimable、Small、Testable，工程中有赖于团队的经验积累，不断通过实践来完成自己对 User Story 撰写的把握。

搜狐是一个非常重视项目管理的公司，每年都有若干场各类层次针对项目管理方面的培训。我们结合日常工作中的项目管理实践发现，培训中学习到的 WBS（Work Breakdown Structure）工具，和 User Story 有异曲同工之妙。因为 WBS 相关的方法论和模板远远成熟于敏捷软件开发中的 User Story，所以我们把 WBS 嫁接进了敏捷过程里。同时为了在实践中配合每日站立晨会的需要，我们还把 WBS 写在记事贴上，粘贴在会议室的玻璃墙上，分成 Backlog、In Progress、Testing、Finish 四类，更加直观地感受每日工作成效。

我们刚刚开始引入这个方法的时候，应用在开发工程师1—2人、测试工程师1人、总工期不超过3周的项目里。当完成需求评审和概要设计之后，就专门召开WBS工作分解的会议。

分解会需要项目所有相关人员都在场，除了开发和测试工程师，还包括产品经理/项目负责人、开发负责人、测试负责人，大家坐在一起，利用脑图工具进行一层层分解。对于每个工作包，开发工程师和测试工程师都要明确这个工作包的工作说明和测试说明，并估算所需要的开发时间。假如某个工作包所需要的开发时间超过4个小时，则必须进行下一级的工作分解。

简单计算一下就知道，2个开发人员15个工作日的项目，就至少要分解成60个工作包。每个工作包都需要大家达成一致意见，说明这个工作包内容最少需要开发和测试完成的功能和输入/输出。上述的会议通常会占去半天的时间，但从效果来看这是非常值得的。

1．这个WBS工作分解过程保证了从一开始就把测试的工作细致地确定了下来。为真正做到一边开发、一边测试，最终快速交付上线打好了基础。

2．细致的工作任务拆分使得任务并行安排更加精准，有效减少了因为某个开发或者测试环节的停滞而影响其他任务进行的可能。

3．项目经理对项目进度能有更精确的把握。从另外一个方面看，当某些工作包出现延误的时候，项目经理也能更合理地去安排加班；甚至程序猿也再没有以前那种把任务都压倒临近Deadline的时候才去加班的心态，而是早早就能感到压力，把项目拖延的隐患提前消除。

4．在3～4周这样追求短平快的项目里，通常开发所需要的框架和工具都是成熟的，也没有技术难点。在参与的工程师经验都比较丰富、配合也很默契的前提下，这样的会议可以节省掉详细设计文档这个步骤，同时也保证了参与者对项目产出的一致共识和最终产品的质量。

在2012年夏天，搜狐武汉研发中心启动了“搜狐企业网盘”（https://pan.sohu.net）项目。当时这个项目面临很多困难：

1. 整个项目涵盖的范围很广。要求同时提供 Web、Win32、iPhone/iPad、Android、MacOS 至少五个平台的访问能力。搜狐还从来没有一个产品要求能做到这么全面的终端平台覆盖的（到现在为止也是唯一的产品）。虽然基于现实困难的考虑，我们决定第一步只实现 Web 和 Win32 两个版本，但是要为日后其他终端预留接口，避免未来引起太大的架构调整，会增加项目的困难和复杂度。

2. 团队年轻。参与人员除了 2 位工程师，其他的人，包括产品经理和研发经理，都是在 1 个月之内招募的，团队整体的配合度有着相当的问题。除了团队成员之间的熟悉度，对于项目本身的理解，对企业客户需求的把握也各有不同。

3. 竞争激烈，对项目时效性要求高。这个项目是看中了企业云存储这个新兴的市场，但是已经有竞品在抢市场，而且预料到会有一些原来面向消费者云存储的产品会转型来参与竞争，因此对时间要求很高，希望能尽快推出产品，同时要有很好的质量。毕竟这个是面对企业客户，不完美的产品会对搜狐的商誉造成重大损失。

对于这样一个对工作量、人员、时间都有苛刻要求的项目，怎样确保它能达到我们的目标呢？当时 WBS 工作包模式已经在我们北京的团队成功地引入了 3 个小项目，虽然团队还没有经过大型项目的考验，但是也不得不硬着头皮上了。

首先我们做的事情是培训。WBS 在输入阶段的大部分要求，诸如项目范围说明书、需求文件等。按照通用的软件开发流程而言，这些文档都是具备的，也是为项目组成员所熟悉的。但 WBS 就其创建过程特意提到的“组织过程资产”，对于我们这个项目而言是非常必要的。我专门找了一位有 PMP 认证的同事给大家做了一次项目管理的培训，其中 WBS 的创建是培训的重点。另外也安排了一位在北京有过工作包分解经验的同事把他的项目过程、产生的各种 WBS 文档，完整地讲解回顾了一遍（最后也是安排这位同事来做项目经理）。尤其是我们保留了当初工作包分解和每日站立例会中拍摄下来的音视频资料，这更是加深了项目组各位同学的印象。当做完相关的培训之后，基本消除了项目成员对新的工作方法的抵触和怀疑的心态，都有点跃跃欲试，希望能亲自实践新工具给项目带来的变化。

然后就是 WBS 工作包的创建过程。按照以往的经验，这个规模的项目至少需要 1 周的时间完成任务分解，考虑到团队还不是很成熟，实际工作能力也有待检验，所以项目计划预留了 2 周的时间来做这个事。工作包的分拆我们就基于两个简单的原则：它是可独立测试的、开发时间不能超过 4 小时。虽然团队本身默契程度不高，但好在网盘这个产品形态本身大家都已经非常熟悉，都是市面上个人网盘的长期用户，所以在基本功能和操作上比较容易达成共识。通过 1 周多的脑力激荡，工作包总算被分拆完了。对于这样一个大项目，WBS 还有一个很重要的步骤就是核实分解的正确性。

1. 确认和编号管理。因为最终产生出了好几百个工作包，要确认这些“碎片”最后能拼出一个完整的产品“拼图”，就需要重新组织一遍，相当于我们对工作包的开发结果执行一遍测试。为了方便项目经理做日常管理，传统的便笺纸的物理管理方式就明显不够用了，必须电子化地做好编号，使用 Excel/Project 工具进行管理。

2. 里程碑设定。对于一个跨度长达 2 个月的项目，让团队成员一次性面对数百个 WPS 工作包的任务过于残忍，或者说不够敏捷。项目经理和产品经理、研发经理、测试经理一道，四个人共同制定 4 个里程碑出来，每 2 周完成一个。因为已经事先把任务拆成了有明确完成时间的片段，所以可以比较精确地制定出 2 周可以完成的工作量。同时确保每个里程碑的产出在整体上能完成若干有价值的用户功能交互。

最后是把公司会议室的玻璃墙作为任务板，从左至右分成4个区域，每个里程碑的开始，大家一起把所有的任务便笺都贴在 Backlog 区域。每天早晨的站立例会就在这面玻璃墙前召开，大家可以很直观地针对便笺描述自己前一天的工作情况，并且认领今日的工作内容。对于每张便笺，首先是当开发工程师认领 WBS 工作包后，项目经理会把对应的便笺移动到 InProgress 区域里，开发工程师完成后再把便笺移动到 Testing 区域中，测试工程师完成测试后会将其移动到 Finish 区域。

本来按照 WBS 词典的要求之一，是可以在工作包创建之初就把每个工作包对应的开发工程师和测试工程师的名字定义出来的。但因为团队本身的现实制约，我们没能做到最开始就确定工作包人选，而是在每日站立例会的时候，开发人员主动认领当天任务的时候，由项目经理在便笺上进行注明，同时也在这个时刻确认对应的测试工程师。随着第一个第二个里程碑的结束，大家彼此之间越来越熟悉，对项目的理解也不断变深，在后两个里程碑的准备过程中，就基本可以事先明确每个 WBS 工作包对应的开发和测试了。

随着项目的进行，因为需求变化或者出现前期系统设计中没有考虑到的意外事件，需要对工作包进行重新拆分或组合。相关的变化也会在晨会中由项目经理给团队成员做一一的讲解和分析。除了传统的黄色便笺纸，项目团队还创造性地引入了红色、绿色等其他颜色的便签纸——墙上大片的黄色纸每天面对确实有点沉闷，适当点缀其他颜色对工作的氛围调整有好处。

任务墙把项目设计的人和事统一地展现出来。因为会议室离这个团队的办公区域还隔了几排工位，所以后来在项目的关键时期，大家甚至把部分便笺贴在了团队成员日常进出可见的墙上，保证任务墙的抬头可见我认为也是项目中的非常重要的因素。后来除了项目经理，程序员也没事在任务墙边上观看项目状态。随着项目的不断进展，团队每个成员都能感受到墙上便笺的变化给团队心理造成的影响。当第一个里程碑顺利完成的时候，项目经理带领团队成员在墙边一起鼓掌，大家对项目的认可度也随之不断提升。

最终搜狐企业网盘这个项目如期上线了，有了一个非常好的开头，这个方法也在团队内积淀下来，在随后的若干个项目里继续得到应用。现在搜狐企业网盘已经成功得扩展到多个终端平台，功能上可以继承企业客户传统的文件服务器/FTP 应用模式，部署方式上可以采用“云端+内部存储”的混合运行模式以提高用户的安全感受，集成方面支持 Active Directory、Outlook 等标准办公应用场景。

项目管理从西方的军事领域源起，高效和卓越的成绩使之迅速普及到了多个行业。传到中国，其使用也从开始的建筑工程转到了更多领域。近十年，软件行业引入项目管理已相对成熟和系统，但对于互联网行业，确实是新的挑战。互联网的核心就在创新和快速迭代，必然在把控上需要更多的适应性。我们欣喜地看到国际项目管理体系也有了针对迭代和适应性的新型生命周期理论。我们也选中了可以引为项目范围管理中精髓的 WBS 作为尝试和推进项目管理在互联网开发上应用的突破口。初步的成功表现在时间更好把握和效率较大提升两个方面，这也坚定了我们继续探索和优化互联网项目管理模式的决心。

作者简介

邱英波

十余年软件项目管理经验，2006 年加入搜狐，主导过搜狐通行证、搜狐云引擎等多个核心项目。

Web 2.0 产品架构设计和演化

概述

互联网初期，以门户网站为代表的 Web 1.0 静态类产品盛行，受限于网络硬件环境等因素，互联网大多还是满足于静态类 HTML 网页，用户多以浏览为主；随着网络带宽的加速和 UGC 等强烈需求促进，以 Blog、SNS 为代表的 Web 2.0 动态类产品得到了很大发展，相对以前 Web 1.0 产品而言，Web 2.0 产品技术架构要复杂一些，技术上面临的挑战也越来越大。

Web 1.0 和 Web 2.0 的有以下一些主要区别：

（1）信息内容：Web 1.0 信息内容由生产系统决定，用户不能更改，也不产生数据；如 CMS 类系统；Web 2.0 产品都有用户提交入口，由用户产生，如 Blog、SNS 类系统。

（2）产品数据复杂度：前者基本上不要求用户登录，后者需要用户登录信息和业务关联信息等，跟踪用户行为，用户之间会有关系，如好友或者粉丝等，相对前者数据之间关系较为复杂，数据在呈现前，需要经历更为复杂的计算，如微博类、SNS 社交类业务。

（3）用户行为：前者全都是浏览性行为，后者对读写都有要求。不过，读写压力还是有区别的，一般都是读多写少。用户行为的特点，让 Web 1.0 架构体系扩展非常容易，基本上基于静态资源的 CDN 就可以满足需求了；后者则复杂得多，要支持大数据量访问，写数据的一致性是一个非常困难的事情。

（4）数据类型：前者不涉及用户数据提交，后者涉及到提交的数据类型。越来越多样化了，除了文本类数据之外，越来越多 Web 2.0 系统需要支持对图片、甚至是视频数据的提交支持，如 Qzone 或者 Youku 等。

当然 Web 1.0 和 Web 2.0 类产品的区别还不止如此，业务特点决定架构设计，本文就是围绕 Web 2.0 产品特点，对其架构设计的不同阶段和演化过程，以及遇到的挑战、解决方案等进行分析和阐述。

典型技术架构

→LAMP 或者 LNMP←

LAMP（Linux、Apache、MySQL、PHP）或者 LNMP（Linux、Nginx、MySQL、PHP）架构是典型 Web 2.0 系统架构，大部分系统的架构都是从这里开始的。相比 Apache，由于 Nginx 的高性能和便捷性，Nginx 服务越来越被各大互联网公司所接受，本文为了表述方便，统一用 LNMP 来表示，但它包含 LAMP。当然也有基于非 LNMP 架构的，如基于 Windows、IIS、SQLServer、JSP（ASP）、这些就不在这里阐述，但是面临的问题和挑战是类似的，解决问题的方法也是值得借鉴和参考的。

→架构特点←

这是典型的三层结构，有以下一些特点：

- 动态数据：和静态页面相比，需要做更为复杂的逻辑计算；
- 时序性要求不高；
- 架构简单、易于维护；
- MySQL：单 Master、多 Slave。

面临的问题：

- MySQL 写单点，写压力大；
- PHP 业务逻辑堆积；
- 单表问题；
- 性能问题：同步操作，性能不高。

演进一：复杂业务抽象

简单的 LNMP 架构有几点好处，可以快速的开发，满足业务前期快速迭代开发的需要。随着业务的发展，它的问题也会逐渐显现出来，业务代码越来越臃肿，在快速变化的业务面前显得力不从心。于是研发人员和产品人员之间的争执越来越多，产品人员不停变化的需求让研发人员头痛，这是这一阶段每个研发人员都会面临的事情。对于产品层面的变化，研发人员必须有这个意识：在设计层面尽可能让你的程序结构更易扩展是一个很重要的能力，虽然它不能解决所有问题，但是它确实让解决问题更容易了。

复杂业务抽象就是解决这个问题的最好办法。关于抽象，这个是一个很大的概念，这其中包括：函数封装、类的封装、各种设计模式的应用、复杂业务服务化等。它的最终目标是减轻重复代码的堆积、降低各个模块的耦合性。

→复杂业务服务化←

Feeds 系统

首先，和微博类首页（TimeLine）功能一样，可以抽象一个 Feeds 服务，将首页的消息服务从 PHP 冗余的业务逻辑中独立出来，提供一个统一的 Feeds 服务。它有几点好处：第一，避免了 PHP 业务层逻辑冗余，尽可能将业务解耦，方便以后业务扩展；第二，性能得到了较大提升。

引入 Feeds 服务后（改由 C++服务替代原有的 PHP 业务逻辑），性能数据的对比。

- PUSH 部分。PHP：50 req/s，C++：3700 req/s；
- GET 部分。PHP: 250req/s; C++: 1416 req/s。

PUSH 部分的性能提升，不全是因为开发语言的变更引起的，大幅提升一个很重要原因是因为逻辑也做了一些精简。但总体而言，Feeds 服务的抽象提升了代码的扩展能力，也提升了系统整体的性能。

计数系统

产品中有大量的计数需求，通常的做法是在需要的业务逻辑部分做数据的缓存，然后逐一读取即可。这样的设计本身无可厚非，但它的麻烦确实也越来越多。因为同一页面所需要的计数分布在不同的业务逻辑中，读取这些数据，基本上需要多次的数据通信才能够获取到，因此这样的业务逻辑性能是非常低的。

为了解决这个问题，有必要对数据的计数做统一处理，抽象出一个计数系统，更改时由各个业务系统统一通过接口对数据进行变更；但查询时，基本上可以一次性读取，可以大大降低网络 I/O 的次数，提升系统的整体性能。

推荐系统

现在业务系统中，推荐系统无处不在，这样的服务实现依赖于 PHP 逻辑模块的实现，会使得系统架构逻辑层越来越厚重，推荐系统的服务化，能够大大简化逻辑层。

小结

我们基于以上业务的特点，就可以将这些通用性比较高的业务抽象出服务来，除上面几个服务外，反作弊、图片、日志系统都可以做成统一的服务来，以备业务调用。

业务抽象带来的好处：

（1）业务代码解耦，能更好地支持业务的变化。

（2）模块扩展能力强：如果以上的服务存在性能问题，扩展会更容易。只需要所涉及到的服务能够做好多机分布，就能做到服务的快速扩展。

业务抽象带来的挑战：

（1）容易过度设计：不是所有的通用模块，都需要抽象出服务。从业务角度而言，这个是需要额外工作量的。

（2）需要较多的知识储备：除了团队具备 PHP 的能力之外，还应具备 C/C++ 或者 Java 方面技术能力的储备。

优秀的实践

→支持水平伸缩←

- 接入层：Session 存储扩容，Session 文件存储的方式，不适合大型分布式系统，如果一开始就可以判断是较大业务系统，Session 存储就考虑使用 Memcached 等缓存来存储。

- 存储层：DB 的平滑扩容问题，这是一个非常复杂的问题，后面的章节会介绍到。

- 缓存层：和 DB 存储相比，这一层数据的扩容显得相对容易一些，后面章节也会有一些涉及。

→优选异步方式为系统间交互的方式←

Web 2.0 产品的核心就是内容的产生是动态的，如发微博和查看微博之间，存在一个时间差。由于关注者众多（粉丝数千万级），要想实时展示关注用户发送的微博将是一个非常耗时的过程，同步的方式是一个费力不讨好的方式。

复杂业务尽可能异步化，将这些复杂操作由一个异步服务来完成对数据的更新，这不仅解决了耗时问题，也能很好的满足用户的体验（关注微博的用户只需要保证尽可能早收到消息即可，没有实时需求）。当然，异步过程通常会配合同步同时进行，一个用户发送微博消息，对于自己的消息列表更新应同步，否则会严重影响用户体验。

→及时的错误告警和诊断←

业务系统一旦上线，它的运行过程就是非常复杂的，不同的用户、不同的网络环境，不同的时间点都会产生不同的响应。那么如何衡量一个业务系统是否运转良好呢？答案是：运行时系统关键日志。任何调试手段都取代不了日志，一个好的业务系统，应具备以下几个能力：

- 有详细的错误日志记录，包括时间、请求者的基本信息、错误级别和错误描述、错误 id 等基础信息，如 Nginx 的 Access 和 Error Log。
- 避免黑箱操作：系统尽可能提供丰富的操作命令帮助定位问题，如 Memcached、Redis 等服务一样，提供了非常便捷的命令行方式。
- 监控系统及时告警：通过全面的监控系统对系统进行报警，确保在重大的异常情况下能否及时发现问题。

只有具备以上一些特性的系统，我们才能将其称为一个易于维护、方便定位问题的系统，才是一个具有优秀架构设计的系统。

→减少无效数据影响←

继续拿上面微博的例子来举例，当一个用户的粉丝数达到千万级别时，将这些消息推送给所有粉丝是一个非常有挑战的事情。即使是使用异步的服务来维护，也不能解决大数据处理问题。此时，我们需要在策略上做一些优化：可以优先确保“活跃用户优先体验”，这是一个很好的方式。

当用户发送微博时，无需为每个粉丝进行推送，我们只需要为活跃的用户进行推送，非活跃用户（包括大量的僵尸用户）只需要在登录的时候获取即可。

对数据类型进行梳理，有利于整体架构的优化。

→能自动化则自动化←

对于业务的一些常规维护操作，可以将其脚本化。如日常的日志分析命令、进程重启、拉起和维护等命令，都可以统一做成脚本工具，方便后期维护使用。

→处理所有的失败←

当遭遇失败时，通常最简单的做法就是直接返回错误，但这样的方式并非是最好的，以下几种情况是需要考虑的：

- 传入的数据非法：对服务器稳定性会造成问题，不应该指责数据传入的问题，应该做逻辑保护，记录日志，并返回相应的错误提示即可。
- 网络等偶然性问题：通过重试等机制，自动在逻辑上解决。
- 无能为力时：总有一些情况下，我们是无能为力的，如网络断了、硬盘坏了等一些硬件故障时，可以要做到尽力而为：（1）模块内部做到记录一些关键日志；（2）模块外部可以通过调度或者主备等方案做到兼容。

→包容"数据的不一致性"←

当 Web 2.0 系统越来越大时，多机房的部署就是必然的选择，这会带来多个点写数据的问题，这时候就会面临数据不一致性问题。当然存储和 cache 之间也会存在一些数据的不一致性问题。

可喜的是，对于互联网大部分业务允许临时的数据不一致性，只需要保证最终一致性就好。如：在一个机房写入的用户数据，可以在相对稍晚点的时间同步到其他机房，这就为我们解决多机房数据同步的问题带来了很多便利。解决的办法，当然会比我们想的更复杂，我们后面还会继续探讨。

→拥抱变化←

互联网最大的特点就是变化，产品和技术人员之间面临最多的问题也是需求变更，造成这个问题的核心原因有几点：第一，面对用户需求变化，产品人员做的相应调整；第二，产品人员经验不足，或者因为一些外部因素（Boss 文化驱动等）导致的变更频繁。值得注意的是，往往产品人员会在这二者之间不停的徘徊，优秀的产品前者变更会多一些。但不管如何，变化是客观存在的，技术人员在面对这些变化的时候，可以少一些指责，多一些深层次的思考，例如，如何在技术层面中做到适应需求的变化？

程序的解耦，是一个很好的办法：

- 优秀的函数封装；
- 良好的 OO（面向对象）应用；
- 成熟设计模式的应用；
- 服务模块的抽象。

这些办法都能够有助于解决代码的耦合性问题，都值得在业务层面上花心思做好。

→充分利用客户端←

这个更多的是针对富客户端的，对于 C/S 结构或者 APP、插件类（Flash）是一个很好的可以采纳的方式。

- 将安全性不高的计算放到客户端；
- 图片进行一定质量的压缩后，上传；
- 视频类资源上传时，可以做一定的视频资源格式检查等。

→避免单点故障←

有以下几种方式可供使用，它们都有自己的适合场景。

- 主备方案：对于队列而言，这是一个很好的选择，只需要在主出现故障的时候，才切换，避免切换带来的复杂性，如 Keepalived 等。
- 主主方案：对于无状态的服务，如接入服务，其实它是互为主备的功能，提升稳定性的同时，还可以做到性能的扩充；如 Haproxy+Keepalived 等。

演化二：减少 I/O，NoSQL 应用

→NoSQL 的应用尝试←

这次的架构演化特点，是尝试增加了 NoSQL。

从实际业务上来看，NoSQL 有其使用的范围，不适合关系型较强的业务，更多的是满足于简单数据结构的存取（Redis&Mogondb 等），这就决定了还不能完全取代 MySQL。一个可以考虑的方案，关系数据仍然存放在 MySQL 中，涉及到较大读写请求的非关系型数据可以在 NoSQL 中进行存取：

- 保留 MySQL：关系数据维护，为业务带来便利性。
- NoSQL：存实际数据，主要是提高 I/O 读取效率，对系统性能的提升有一定的作用。

引入 NoSQL 之后，也带来了一些思考：

- NoSQL 直接做缓存问题：考虑到 NoSQL 的高性能读取能力，会让开发人员直接当成缓存使用，这确实是一个很好的尝试。但是对于一个利用 NoSQL 做存储的系统：倾向于使用 Memcached 等服务作为缓存。因为 NoSQL 存取的数据更偏向于原始数据，数据加工处理后，并不推荐在 NoSQL 系统中直接存放。

→NoSQL 扩容问题←

NoSQL 的扩容要比 MySQL 扩容要简单一些，官方也都在陆续研发相关的集群系统（如 Redis 集群系统，Memcached&Redis 的代理服务 Twemproxy、MongoDB auto sharding 等），它的实现难度和 MySQL 比要小很多，核心原因是它们的系统大多基于 Schema-free，减少约束，带来了扩展的便利。

不过，这些集群系统的扩容还都不成熟，往往需要开发人员进行一些二次开发或者利用辅助工具来完成。

演化三：存储扩容

→扩容方案和策略←

随着业务量的增大，MySQL Master 写的压力会越来越大，因此有必要对 Master 进行裂变扩容、解决写单点、写压力和存储不足等问题；这个架构适应于中型以上的业务系统（千万级用户，活跃用户百万级别）

常用的分表方案有以下几种：

- 按时间：类似于 Timeline 需求很适合；
- 按 ID：按用户 ID 进行 Hash，常用的 Hash 函数如取余、一致性 Hash 等，不过在 MySQL 分表中，更多的使用取余方式，这种方式更容易将数据进行迁移。

扩容策略探讨：

- 将分表迁移到其他物理机器，服务层做好对迁移规则的兼容，利用主备机制进行机器的扩容。虽然迁移过程中存在数据不一致性问题，这个可以利用访问低峰时，做好短暂的停写操作进行升级。相比较自动扩容方案，这种方案最大的好处是扩容相对简单、稳定、可靠、成本小。

- 提供 Proxy 屏蔽分库分表、读写分离等细节，让使用者更方便使用；缺点：对于一些聚合内需求，是一个非常大的挑战，如 MySQL Proxy、Atlas 等。
- MySQL 集群：不管是官方还是业界，MySQL 集群系统都是一个极其复杂的事情。官方的系统（MySQL Cluster）方案远没有达到可以实际应用的地步；业界的大多数做法也是结合业务系统做的一些权衡，如开源项目 MySQL Proxy 等。
- 尽早做准备：如果我们无法提供一个完美的自动扩容解决方案，那就要做好事先的规划，需要对现有的 MySQL 系统监控，在出现瓶颈前，就清楚知道存储的分布情况，提前做好数据库裂变准备。

→扩容带来的新挑战←

数据分散问题：由于业务逻辑的复杂性，我们的分库分表策略未必能那么完美的将需要关联的数据存放到相同机器上去，这就会导致在单机上只需要简单关联查询的操作就会复杂化。要解决这个问题的话，只能在逻辑层借助一些缓存技术（Redis 或 Memcached 等）来辅助完成。数据扩容对于分布式服务设计本身是一个挑战，而不仅仅是简单将数据分散到不同机器中，具体的解决方案往往都需要具体问题具体分析。

演化四：多机房部署

只有用户量超过数千万级或者亿级访问量的业务系统，才会演化到这种阶段。用户覆盖面积越来越大，由于国内网络的特殊性，不同运营商之间互通效果不是那么好（业界有一句有名的口头禅：世界上最长的距离不是从南极到北极，而是电信到网通）。而三通机房（联通、电信、教育网等运营商互通）或者多线机房价格也比较贵，要想在单个（或者少数几个）核心机房搭建一个这样数量级的服务是非常昂贵的。跨机房访问就是一个不得不面对的问题，它带来的好处：

- 解决核心机房单点问题，即使单个机房出现故障了，服务也不会出现致命的影响。
- 降低运营费用：减少核心机房的压力，可以做到分流的目的，降低成本。
- 提高用户体验：多机房部署能够覆盖更多区域的用户，用户就可以“就近访问”了。

→带来的挑战←

虽然多机房部署带来了不少好处，但是你会发现，这种设计方式带来的技术难点依然是非常大的，最主要面对的是底层数据同步问题。多机房数据部署，意味着我们要解决多个机房同时写的问题，这就为底层数据库系统设计带来较大挑战。

我们面临的问题有：

- 数据同步问题：多点写数据时，需要对写入的数据在不同的机房之间进行分发同步，而 MySQL、NoSQL 等系统不具备这样的能力，需要设计者去解决好这个问题。
- 一致性问题：多写最容易导致的问题就是数据一致性问题，数据同步过程中并不能完全保证数据写入的正确性。庆幸的是：大部分 Web 2.0 业务允许一定的不一致性，只需要保证最终一致性就好。
- ID 同步问题：底层数据库系统中存在大量的 ID 字段，很多 ID 生成依赖于 MySQL 本身，而业务系统初期在这方面考虑往往非常欠缺。因此需要对 ID 进行升级，但是这个升级过程将是一个较为复杂的过程，需要更新相应的 MySQL 表或者缓存等。如有可能，尽可能以较小的代价并兼容老的 ID 策略来完成升级。

- 时序性问题：如果是时序性要求高的业务系统，如游戏业务，进行多机房部署将是一个非常大的挑战，因为我们需要对数据同步非常实时。庆幸的是，Web 2.0 业务在时序性要求上并不是非常高。
- 专线问题：这个是一个费用和系统复杂性取舍的问题，对于重要业务，专线是必须的。在非专线的情况下，要想保证数据同步的准确性，必定在业务逻辑上做大量的保证，这会使得系统非常复杂。是否使用专线取决于公司的投入，如果有专线，系统结构就会简单很多，你可以将多个机房看成是一个机房来使用。

→数据同步方案探讨←

数据同步中，最复杂、最麻烦的就是 MySQL 服务的多机房部署问题，我们从 2 个机房的情况下开始探讨（这里都是基于非专线，但公网网络情况较好情况下）：

双向备份：对于只涉及到两个机房的数据同步，可以利用 MySQL 服务的双向备份技术来完成数据的同步。对于 ID 如何避免冲突的问题，可以对两边的 ID 自增方式，调整为奇偶方式，避免冲突。

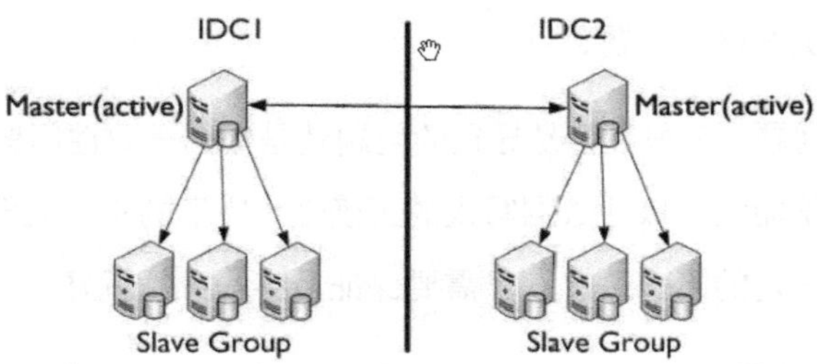

当机房数大于 2 个时，数据同步的复杂性就更大，业界各个公司之间就没

有统一的做法。下图是一个典型做法，利用消息队列进行广播，对于 ID 冲突的问题，可以通过一个分布式 ID 服务来解决。

小结

一个成功的业务系统都会经历上面的演化过程，这个演化过程或多或少都会面临上面一些问题。不推荐一个业务系统一开始就设计出一个终极演化版本来，除了研发成本外，设计一个一蹴而就的系统是不现实的，因为你不清楚业务发展是如何的。业务决定架构，好的架构是演化而来的，而不是一开始就能设计出来的。

需要说明的是，虽然文章阐述的 Web 2.0 产品架构，但是不仅限于如此，对移动端或者 C/S 模式类的业务系统在架构上，仍然是具有借鉴意义的。

作者简介

刘献朋

2007 年西北工业大学硕士毕业后加入腾讯，从事游戏后端研发；后期加入过百度，目前在凤凰网从事研发管理工作。擅长大型分布式系统研发和架构设计；喜欢技术的魅力，更喜欢技术创造出的产品魅力，目标是做一个懂产品的技术人员，有幸成为互联网一员，一直在追逐用技术创造有价值的产品，服务社会。

进化

Evolution

从技术思维到产品思维的嬗变

“做技术的不能被技术思维所禁锢，要提升思维格局！”“技术人员应该要有产品思维！”“做一个有产品思维的技术！”“……诸如此类的话时常在耳边打转，那什么是技术思维，什么又是产品思维？我问“谷哥”，“哥”避而不见；我问“度娘”，“娘”含糊其辞，给出好多种说法让自已选；那个自称有求“必应”的小子，也没能给出一条合适的解释。就这样多方寻访无定，只好试着总结一下，个人认为：所谓技术思维就是“必须得有 X，才能做出 Y”，所谓产品思维就是“Y 是需要的，X 是实现 Y 的最佳方案”。换言之，就是做技术的纠结在材料和工艺；而做产品纠结的是这个有没有用，好不好用，易不易用，投入产品比如何。后面的亲历的小故事，希望能助我说明技术思维与产品思维的不同，如果您还能从中看到从技术思维到产品思维的变迁那更是极好的了。

从技术为中心到以用户为中心

各位现在看到的这篇文章是通过重度修改的，修改的过程，也是我自己以技术为中心到以用户为中心的一次努力。文章写完之后自我感觉良好，但出版社的编辑还是指出了不少的问题。

收到编辑邮件后我就开始思考怎么去修改，但却好几天都没想好如何下手，究其原因，还是没有找到这种差距（我想表达到的和读者读到的如此不一致）的症结在哪里。过了一段时间，重新读来才发现，我是自顾自地在写一篇“技术”小品文，而从读者的角度看需要的却是朴实的经验之谈。

这种差距源自于自己一开始是以技术思维去写，所以追求所谓的意境，追求“形散神不散”，强调文章要“风行水上，自然成文”，强调文字“贵在似与不似之间”，认为要给读者一些想象或者感悟的空间，不应什么都说得太破。但是我忘了这篇文章的读者群体，也忘了阅读场景和阅读诉求。读我们文章的人应该是在技术路上奋力前行的人们，他们需要是一些参考的观点与参考的案例，而他们阅读的时候也许和他们去查阅技术资料并无二致，他们那时并非闲适的，他们需要快速找到问题的答案。这就不难理解，为什么之前的文章存在较大的问题，虽然把好几种文章技术应用进去了，但并没有给到读者想要的，反而让读者产生了困惑。

从这件小事，我们可以得到的启发是：以后开发一个产品的时候，多多考虑一下产品的受众是谁，他们遇到的问题是什么，产品是要解决什么问题，怎么样才能更好地解决问题并产生附加值，而不要陷入我用了什么高端技术又要用什么高端技术。客户才是中心，而技术是为解决问题而来的，切记，切记。

高深的技术比不过实用的产品

这里要和列位分享一段关于比赛的故事。那时的我还在上高中，一天我们物理老师找到我，说现在有一个什么科技创新大赛，问我有没有兴趣参加。然后就开始不停地在徽机房、实验室穿梭，经过两周的探索之后，决定了要做一个多功能教具去参赛，这个教具有一个很特别的功能：有了它你可以不用量角器实现任意切分一个角。这个功能得益于发现了一个特别的数学模型，这个数学模型可以将角度和直线的长度进行相互转换，通过它就把处理角度的问题转换成了处理直线的问题，而直线的切割就能有很简单的方法自然也不需要用量角器了。说回这个数学模型，我们找了当地最好的几个数学老师去认证，而他们的结论是“找不到反例证明它不成立”。换言之，一个高中生搞出来的数学模型把一堆优秀的老师给难住的，心里自然是美得不得了，从另一个角度看，我们姑且可以认为这个数学模型是“高端的”，这个作品在技术是有难度的，在当时的环境下或许是可以夸张一点说这是个拥有高深技术的作品。这个作品也顺利拿到的市一等奖并进入省赛。

这个作品拿到省三等奖，表面看结果并不是太坏，但对于当年的我却是很大的打击，总觉得评委们不公，在比赛的几天时间里，我们和其他地市代表队也进行了交流了，发现他们的作品在原理上都很简单，在技术难度上也很普通，而自己的这个作品在他们面前秀的时候总是能引来仰视的目光。结果是很多看似“小儿科”的作品却拥有评委现场答辩、接受院士指导的机会，最终捧等最高奖项。我们隔壁代表队就有这么一件作品，是一个用来测试液体折射率的装置，将装液体的容易设计为一个半圆，并刻上角度，光源和液体平面垂直，这样便可直接观察光线折射角度，从而计算出折射率。原理就这么简单，如此简单的一件作品获得了当年的一等奖。我们队里还有另一件作品——防滑砚台，其实就是在砚台下面加了五个小吸盘，也非常简单，但获得的荣誉和我们那件原理复杂、技术高深的作品是一样的。

这么多年还记得这么清楚，是因为久久没能明白，为什么那么一件高难度的作品那么一个似乎毫无创新的砚台成绩相同，为什么会输给那些简单作品？蓦然回首，答案却极其简单——实用。是的，看那两件作品，虽然特别简单，但都解决了实际的问题，而且使用简单，制作简单，如果套用做产品的话来讲就是有刚需、抓住了用户痛点、易用、投入产出也很合适。而反观那件多功能教具，则是典型的唯技术论，只强调技术的高度，但实际上需要却解决无量角器任意切分角的场景并不多，所以早就注定了它不会招太多人喜欢。实用的产品远比高深的技术重要得多。

高端技术组合比不过良好用户体验

刚到北京的时候混在中关村，空闲的时候也帮朋友倒腾电脑。有一天一个朋友拿了一台电脑过来，说不好用让帮忙修理修理。打开电脑一看，CPU是当时最新的高端 CPU，显卡也是当时最先进的，内存也是当时的高配，硬盘选的也是当时很优秀的，连主板也是高端的，整个就是一发烧级顶配。看着那配置，我们当时真是羡慕得要死，当开机十几分钟后，心情就一百八十度大转弯，为什么呢？运行十几分钟之后，机器变得很卡，重启还是如此，对系统进行优化，重装之后问题依旧，后来发现原因竟然是 CPU 风扇散热不够。这个问题处理之后，不卡了，但是运行一段时间系统老出错，又是一番排查，最后发现内存兼容性有些问题，更换之后问题解决。别误会，这里并非要去讲如何修电脑，只想说这个顶配一开始没有给用户带来舒适的体验，而后来的内存问题也给我们一个警示——强悍的组件配在一起未必就是一个强悍的产品。

影响用户体验的因素的很多，有的时候极有可能不是核心部件，比如刚才讲到的 CPU 风扇，还拿电脑还举例，一台非常优秀的电脑主机如果配上差强人意的显示器和鼠标键盘，估计也没人会觉得是一台好用的电脑。技术思维导向极有可能把一款产品各个核心部件都打造成很先进很精致，而忽视掉其他部分；也可能将单个部件打造得很完美而忽视掉它们之间的协作。一个完美的产品，是应有良好的用户体验的，那么会影响到用户体验的地方都要考虑，若是陷入优化核心部件忽视整体性，那注定会失败。

人人都是产品经理

前面通过一些小事件的感悟，相信您不会反对这样一个观点——技术人才也应该拥有产品思维。对于我们做技术的来讲，用户需要技术，其实是需要用技术实现的某种产品或服务来帮助他们解决问题；需要我们，其实是需要我们应用技术去打造一款他们需要的产品或者服务。试想一下，如果我们手上的技术不能包装成一款有用好用的产品或者服务并帮到我们的用户，用户又将如何感知技术的存在，又如何彰显技术的价值，技术人才的价值？举个简单例子来讲，现在有很多很先进的太空观测技术，但知道的人却是寥寥无几，这就是因为这些技术并没有为我们解决什么刚需的问题，也就无法感知它们的存在；再如众所周知中国的活字印刷术并没有得在真正的推广，所以它除了给我们带来荣誉之外并没有真正彰显其技术的价值。

我个人非常同意“人人都是产品经理”这种理念。不仅是说我们在应用技术的时候应该具有产品思维，而且还应该好好规划运营自己这款“产品”。可以问一下自己，是否想过自己服务的对象是谁，解决了他们什么问题，在服务的过程中是否让他们感觉舒服，我们的核心竞争力又是什么？想想我们这款“产品”在哪些地方还要提升，下一个版本又将有哪些“新特性”？

作者简介

鲁四海

北大信息化与信息管理研究中心云计算应用联合实验室技术顾问，中国新一代 IT 产业推进联盟技术分委会秘书长。高级系统架构设计师，TOGAF 鉴定级企业架构师，主要研究方向为云计算、大数据以及电子商务，参与编写了《中国智慧城市实践指南》、《云计算技术与标准化》、《中国云计算实践指南白皮书》、《中国云计算产业链及应用趋势研究报告》等书籍和报告，从 2012 年年初起负责《中国互联网发展报告》大数据分析处理。曾获得全国信息技术标准化技术委员会云计算标准工作组优秀个人。

互联网企业数据中心基础设施建设指引

随着云计算时代到来，计算能力的爆炸式增长逼迫数据中心从业者加速前进。最近几年，数据中心基础设施建设遇到非常多的困惑，如服务器增长数量与业务的协同问题、服务器及网络设备的选型对基础设施带来的冲击、机柜供电密度如何选择、基础设施的规模如何确定、基础设施如何选址、TCO 的压力、绿色节能等。

互联网数据中心包含三大组件：基础设施、IT 硬件、软件，本文主要描述互联网数据中心基础设施建设的主要挑战及解决方法，供自建或者租用数据中心基数设施时做参考。

云计算时代数据中心基础设施建设面临四大挑战

→数据中心基础设施部署周期长，弹性受限，掣肘业务增长←

互联网企业的“业务形态的快速变化、业务规模的快速增长”倒逼数据中心基础设施快速交付，跑的快的企业抢占先进。对于较大型的互联网企业，当战略业务需要几个月内上线时往往面临无数据中心可用的局面，这个时候能否快速获取基础设施资源将成为决定业务成败的关键因素，尤其是具备竞争关系的互联网企业面临相同的战略机会时显得尤为重要。

从通常逻辑上看，对于大型数据中心建设，不管是自建基础设施还是租赁基础设施，从提出需求到交付大概需要 1—2 年的时间，已有建筑的改造需要 1 年，新建建筑的需要 2 年多。

面对数据中心基础设施交付期 1—2 年的现实情况，我们需要根据企业业务发展预测提前三年规划数据中心基础设施的规模、布局与行动计划。在做计划的同时，需要摸清市面上数据中心基础设施资源的供应情况及未来的供应情况，提前做商务接洽，甚至对这些资源进行预占。

→数据中心基础设施大型化，资源获取代价大←

“云计算、大数据、海量的用户”催生数据中心基础设施规模化，大型数据中心将成为未来的绝对主流。其中，租赁和自建基础设施都是可行的，需要根据企业实际情况进行决策。

几年前，数据中心基础设施还都是几百个机柜、几千平方米的样子，现在很多超大规模数据中心已经达到 5000 个机柜，数十万平米的样子，有的甚至规划了百万台服务器的规模。

数据中心基础设施大型化是必然的趋势，随之而来的问题是这些大型化的数据中心需要更多的社会资源来支撑，诸如“土地、电力、水、网络等”。之前数据中心基础设施资源基本集中于“北上广深”等一线城市，随着城市的不断膨胀，新建的数据中心基础设施不断向能源腹地迁移，特别是我国的西部和北方。土地资源的需求量动辄是几百亩、上千亩，电力资源的需求基本上是几十兆瓦到几百兆瓦不等，水的消耗量也是非常巨大，网络资源对于西部和北方很多区域也是非常糟糕的。最糟糕的是，这些资源在国内的提供者都非竞争性组织，获取它们的难度往往是非常大的。

→数据中心基础设施总拥有成本 TCO 越来越高，降低 TCO 就是提高企业竞争力←

数据中心 TCO 包括“IT 设备、IDC、带宽资源、人力资源”成本，TCO 控制需要一点一滴，综合治理。优秀的 TCO 控制可降低 20%以上的成本，甚至更多。降低的成本即是企业增加的利润，反应到企业市值上往往有放大效应。

目前来说，很多互联网企业只关注租赁成本，其他方面很少关注。其实，基础设施降低 TCO 还是大有可为的。比如，通过以下几个步骤可以大大降低数据中心基础设施的拥有成本：

（1）提升议价能力降低采购成本。

（2）选择在电费较低的区域。

通过将数据中心部署在低成本区域降低租赁基础设施的租赁成本或者自建基础设施的运营成本，电费在租金中或者运营成本中是占据着举足轻重的地位的，一个一万台 X86 服务器的数据中心年消耗数千万的电费，选择在西部、北部电费低的区域可大大降低基础设施的拥有成本。

（3）提升基础设施资源的利用率。

在国内，大多数数据中心的基础设施利用率是非常低的，某些金融类的数据中心，电力资源的使用率只有 20%，大大浪费了建设投资，同时也极大降低了电力使用效率。有些数据中心基础设施，电力容量足够，空调制冷不足，这时候瓶颈是空调。在设计基础设施时，需要特别关注资源的匹配，在使用数据中心时，需要关注基础设施资源的使用率。闲置就是最大的浪费。

（4）自建基础设施降低运营成本。

租赁的数据中心往往是通用的系统架构设计，自建数据中心基础设施时提升技术能力可大大降低建设成本与运营成本。根据企业自身特点，在设计时选择最优化的系统架构可大大降低建设成本，同时通过绿色节能设计把 PUE 控制在 1.5 以内可大大超越行业平均水平。

节能措施非常多，本文不详细阐述，几个主要的节能措施如下：

（1）降低供电线路、设备的电力损耗；

（2）优化气流组织设计；

（3）FreeCooling 技术的应用；

（4）变频技术的应用；

（5）空调设备的选择。

PUE=总的电力消耗量/IT 设备的电力消耗量，比值越低代表基础设施越节能。

→大规模数据中心基础设施运营管理难度超乎想象←

几年前的数据中心基础设施基本上是几百平方米、数千平方米，如今的数据中心已经达到数万平方米甚至数十万平方米，规模完成了跳跃式的增长，相应的基础设施管理理念、人才供应远远落后于基础设施的增长，这些都需要通过艰苦的努力完成跳跃。有以下几点提示可提供一些帮助：

（1）运维工程师是稀缺资源，尽早组建基础设施运维团队，完整保留队伍；

（2）针对大规模数据中心优化运维流程；

（3）减少各个数据中心的差异性，尽量标准化；

（4）通过自动化运营平台减少人的失误。

租赁数据中心基础设施面临的困境与应对措施

租赁数据中心的来源多样化，地区差异大，在使用过程中遇到的问题越来越多，主要问题包括以下几点：

（1）机房的可用性等级差；

（2）无法使用到购买的电力容量，如购买 13A 的机柜只能使用 10A；

（3）电力够用，空调吃紧，或者相反；

（4）基础设施可用性低，频发各种问题；

解决以上问题有几个办法，如选择可靠性等级合适的基础设施、租赁前进行系统设计的审查、交付前做机电系统的基本检查或测试工作、安排专业人员与基础设施提供方保持工作对接等。

自建数据中心方法论

→何时考虑自建数据中心←

自建数据中心需要消耗企业的大量资源，诸如专业技术人员、工程建设人员、采购人员、维护人员、政府关系人员等，人力成本还是非常高的，对于互联网企业来说，这是另外一个领域。

那么，何时可以自行建设数据中心基础设施呢，当互联网企业的服务器规模达到数万台并且向十万台迈进时，可以考虑。

→自建数据中心主要步骤←

（1）组建专业团队。引进电气工程师、空调工程师、弱电工程师。目前，数据中心基础设施蓬勃发展，人才是比较稀缺的，需要提前筹备，专业的人做专业的事情。

（2）严谨的需求分析。明确未来的需求IT容量及业务等级，推导出基础设施容量、基础设施的可用性等级。

（3）进行基础设施的概念设计。如明确“数据中心总规模、数据中心布局，电力、水的需求量与供应方案，基础设施的系统架构、模型、PUE目标、TCO模型等。

（4）选址。首先完成选址建模，明确选址各因素的权重，在众多备选方案中选择可提供最优的“电力供应、水供应、土地供应、网络能力”的地点。

（5）工程设计。工程设计包含规划设计、初步设计、施工图设计。目前，国内具备优秀数据中心设计能力的设计单位非常少，在选择时需要非常慎重。

（6）设备与材料选型。关键设备与材料需要慎重选择，它们的优劣直接影响数据中心的可用性。

（7）工程实施。施工单位的选择非常重要，特别是机电系统的施工单位，需要重点考察实施案例。

（8）综合测试。如软件测试一样，数据中心基础设施同样可以进行测试。一般来说，比较严格的测试是需要通过假负载把数据中心完整的跑一遍，以便发现设计、施工、产品的各项问题，避免实际使用基础设施时出现各种问题。经过严格综合测试的基础设施项目，在运行期出现的问题会非常少。

作者简介

张子坚

百度在线网络技术（北京）有限公司数据中心基础设施方向架构师、技术经理。具备八年互联网企业数据中心基础设施设计、建设、测试工作经验，熟悉大规模、超大规模数据中心基础设施全程建设，具备多个超大规模数据中心建设经验，参与项目超过 30 万平方米。

进化

Evolution

第三部分

▸▸▸ 行业创业篇

Evolution

进化

Evolution

疯狂的互联网

点火，抽烟，回想。

作为一个在21世纪投身到互联网行业的从业人员，见证了互联网在中国从起步到蓬勃发展过程，我想说：这是一个很颠覆的也是非常革命的时代。

2000年以前我一直从事证券投资分析，那个年代的股市有这么个说法，就是科技股是妖股。怎么讲？翻开每天的股市新闻或财经频道，每每见到的就是某公司拥有某新型高科技产品，在行业内应用甚广，未来的收益空间非常之大。这点除了考验你的智慧，也考验你的投资胆量。那时股市有T+0操作，经常看到某只“高科技”股票当天的成交量几乎把它的流通量炒了个来回，甚至连拉十多个涨停板，股价翻了一番接着再翻，最后逼得证监委不得不出来干预。

这就是中国特色的疯狂。

我是中国最早接触互联网的人。为什么这么说？因为我和中国长城电脑兄弟开过此类业务的公司。1995年，深圳。有几个家伙——一帮来自清华、经贸大、北航的北京帮，在深圳注册了一家互联网信息资讯业务的公司——赛诺康。清华的才子给它取了个令人望字生意的洋名——SINO-COM，可谓是既前卫又很高科技。那时我只知道Java和56KB Modem拨号上网，这是我人生中第一次对互联网行业的投资，比马云好不了多少，可惜几年后给玩败了。

1999年，我下定决心转行，也梦想有朝一日能成为这些高科技公司的股东，无论大小，最好能够疯狂一下，狂赚一笔。

如何进入这个高科技行业，确实很考验我。但有一点很明确：上北京，至少因为它不排外，不像上海满嘴“你侬我侬”拉帮结派。北京有我的母校、有我大学里的一帮同学，也有一些在国内号称最牛外企的兄弟。其中有在IBM做服务的高管，他对我说：来吧，互联网时代到了，赶紧学思科，拿到证书后就别瞎乱跑，直接呆在北京上班吧，随便挑。

第二天我就揣着几万现金去了清华万博——当时全国最牛的思科授权培训中心，报名参加CCNP培训。培训招生的于维老师掂着这把钱，对我说：清华万博思科培训班自开班以来，除了公款外，纯粹自己掏腰包的只有两个人：一个是来自台湾的，考了十次CCIE Lab都没过的家伙，第二个就是你。空前，但不一定绝后。

结果我花了两个多月，把摞起来有小半米高的英文CCNP资料全部啃光，这对一个非常熟悉ATM但是又非常陌生ATM的人来说，难度太高太高……在2000年1月25日考完最后一门CIT。那一刻，我站在清华图书馆前面，望着皑皑白雪衬托下的落日余晖，心潮澎拜。心想着幸亏我过去一直与Baring Security（霸菱证券）和摩根大通证券（J.P.Morgan Chase Security）没有中断往来，没让我把英文丢掉。这段日子太苦了。

结果我又创造了清华万博的一个奇迹：两个多月搞定CCNP。

那时考CCNP不像现在，那时候没有中文版、没有题库、没有模拟器，只能生啃。

紧接着就是去面试两家公司——新时（Modern Time）和北鹰（North Eagle Tech 简称NET，和网络一个名，纯属雷同）。

在新时面试我的是一个新鲜出炉的 CCIE 廖昕，记得地点是在阜成门万通新世界广场。真没想到他们的办公室这么窄，顿时感觉未来的职业很悲催。NET 面试也很搞笑，让我做一根双绞线，结果可想而知，一个数惯了票子的手怎么会绞线……本来以为 OVER 了，后来还是 NET 接纳了我，因此很感谢小路。这公司居然有人月薪是拿美元，仿佛一国两制。

互联网的崛起，带来了思科（Cisco）、3COM、Alcatel、Lucent、RiverStone……一大串的国际网络品牌，长驱直入中国市场，轮番轰炸网络领域。从 1998 年开始，思科就以高大上的姿态占领祖国网络市场的 70%以上，剩下的就是 3COM 和其他品牌，那个时代的华为才刚刚开始摆弄自个的 3024 呢。在 2000 年，会配置思科路由器的人，据说每一次接私活，出场费起码 800 元/每小时，简直羡煞旁人；更有甚者，连三里屯的"小姐"都知道 CCIE 的含金量（当时每个 CCIE 年薪高达四十万以上，绝对打工皇帝），毫不夸张。

在 NET 我接触最多的是运营商，当时的网通、电信和移动还有众多的企事业单位单子都接不过来。我的位置是售前支持工程师，这是一个需要对 IT 业内知识的深度和广度充分掌握的角色。责任又把我推向了无数个没日没夜……我几乎把公司当家，反正洗澡吃饭凭票，自然可以敞开供应。然而，我每天的精神状态是出奇的好。每周的工作都排得满满当当，感觉到充实得要爆炸。

我记得思科出版了一本著名杂志，叫《PACKET》，开刊的第一期上还有我的技术推荐。作为唯一一个华人的名字出现在那期思科刊物里，感觉很自豪。也让我深深尝到了作为 GEEK 的骄傲，尽管那时我还不是 CCIE。

那时考思科的认证是有积分奖励的，全杖自己英文底子好，我在不到半年内考了三个 NP 和三个 NA，攒了 100 多万的积分。新加坡给我快递了 IBM T-23 笔记本、网球拍、SONY 掌之宝摄录机、瑞士军刀。因此我成为在新加坡"挂了号"的大陆思科考霸之一（注：思科亚太总部设在新加坡）。

我在公司的业绩得到了认可，2001 年成为 NET 优秀员工，获得奖金 1 万元。结果，我还是逃脱不了广东人创业的秉性，直接拿着奖金和别人一起创办了自己的公司，只希望能够在将来某个成熟阶段择机发展。

NET 最辉煌的日子就是在 2000—2002 年，每年营业额高达几个亿，公司富得流油。销售一年拿几十万甚至上百万轻而易举，用时下的话来说：那都不是事。

由于项目积压太多，公司的工程师老出差在外跑。若想要认识公司的所有同事，一年只有一次机会，那就是来年的一月份公司年会，地点只有在某个著名的、迷人的风景区。这种状态好不容易地持续了 3 年。

2000 年年初，互联网公司铺天盖地涌现出来，新浪、搜狐、网易、找到啦、58 同城、赶集以及 8848 等。雅虎也扎进来加了.cn 的后缀了……融资、招聘、广告……眼球都忙不过来了。但同样是 2000 年年底，中国互联网崩盘了，一泻千里，而这仅仅才用了不到一年的工夫。

这就是互联网。这速度哟，疯了！

这期间，国内互联网经济仅局限在资讯行业，对广告收入极为依赖。而广告投放的价格依据就是：点击率。

机会来了。在 2000 年中旬，我们几个互联网 GEEK 联合开发了点击率软件，对象就是专门针对各大成人收费网站（支持点击率付费网站，主要是日本和欧美）。结果每个月都有来自 Paypal（贝宝支付公司）寄来的支票，其中最高纪录是一个月收到 11.23 万美元。那一刻，真的“爽歪歪”了，看着手上的 IBM T23，简直就是一台印钞机。

还是应了那句话“Dollar,easy come,easy go!”。钱来得太快了，也太容易了。花吧，买了名种狗、吃喝泡吧下迪厅……终于从某一个月开始，当我们再也没有收到来自 Paypal 的支票，才如梦初醒。才知道当初如果拿着这笔钱去寻找新的项目而不是乱花的话，我们可能就是第二个 SOHU 或网易。

互联网大杂烩时代终于消停了，冷静了，沉闷了，其实它正在悄悄地反思、琢磨、疗伤、修炼。在 2003 年后，步入了一个分水岭时代。

2003 年，中国生了一场大病——SARS 来了，却带来了两个意想不到的结果：第一，宅在家中的人多了，网民数量井喷式上升；第二，由于出差量大幅减少，本人拥有充裕的时间学习（公司要求非出差人员必须宅在家里）。在当年 10 月 23 日通过了 CCIE 考试，号位=12420，但这只给我带来了短暂的快乐。

紧接着 2004 年以后，互联网产业出现了很明显的分化，而这种分化促进了专业的细分市场的蓬勃发展。而后，电商产业内阿里巴巴、淘宝、京东以及一号店开始冒泡了纷纷出现；传媒资讯终于出现了像新浪、SOHU、网易以及凤凰网这样的寡头；而在游戏产业内则是盛大和征途大行其道。这个时候，大伙都基本明白了互联网该怎么玩了。

我开始在广东东莞松山湖高新软件区投资组建了一个互联网软件团队，专攻互联网应用方向，力图从细分市场中找到机会。公司旁边就是今年技术创新一百领军人物赖霖枫的雨林木风公司。

股市里有这么个说法：只要是大势所趋，方向明确，则必顺势而为之。在互联网这个行业，冬天肯定是短暂的，就怕你扛不过最后那寒冷的一宿。所以，千万个网站倒下了，体力强最终脱颖而出。

与国内互联网发展第一阶段不同，第二阶段更加注重互联网的实际应用，以电商为代表的异军突起就是最好的说明。草根起步的京东率先进入电商战场，向淘宝全面宣战；苏宁也不甘寂寞，聪明的张近东举起了苏宁易购的大旗；一号店在沃尔玛的支持下，步入了电商的竞技场……

我不用细说“双 11”是多么的疯狂，也不用讲那骇人的日均高达数百亿的网购成交量，一切的一切都说明了一点：他们挣钱了，挣得很干脆，挣得让人眼睛喷血。

这个时候，我已经从神州数码跳到 BMSOFT（北明软件），为什么要跳？还是因为互联网的机遇，特别是电子商务给我提供了一个全新的发展平台。

大家现在天天看到的都是铺天而来的虚拟化、云计算、大数据、移动终端、秒杀、抢购等。这些，BMSOFT 做得都非常好，而且 BMSOFT 有自己强大的研发团队和实施力量，可谓是兵精马壮。BMSOFT 靠着自己的实力，已经完成了多家重点央企的电商平台建设，包括建设银行的 B2C/B2B 善融商城、中粮集团的我买网以及国家电网的电商平台等。作为 ITECH 组织成员之一，BMSOFT 始终与国内一流的互联网企业保持多种经营合作与资源共享。目前 BMSOFT 不断地把互联网应用与传统行业相结合进行企业创新与服务质量的改善提高，这类咨询服务项目也带来了可观的收益。

我的投资继续一直游离在互联网企业中。

我的朋友所在的唯品会（VIPS）是一家专门服务于追求高质量产品而又能满足虚荣心的女人的电商企业，在 NASDAQ 上市之后，市值已经从 2013 年 1 月的 18 美元跑到现在的 180 美元了。整整 900%的增长！一年半回报了近 10 倍，还有什么比这更刺激的吗？

全国最大的 CDN 服务提供商蓝汛科技（CCIH），也同样在 NASDAQ 上市了，市值从 2013 年 7 月的 4 美金跑到 2014 年 1 月的 28 美元。短短 5 个月，600%增幅，神话屡见不鲜。国内的第二家 CDN 服务提供商网宿科技（300017），在同样的时间段，从 50 元涨到 148 元，也是非常不同凡响。

更不用说在香港上市的腾讯以及新近并购 2345 网站的海隆软件（002196）的二级市场表现。这些无疑都说明了互联网行业依旧是市场的投资热点和方向，它们的巨大发展潜力无疑给广大投资者打开了广阔的想象空间。

纵观我这十多年的互联网创业、投资和发展经历，有如下体会与大家共享：

第一，职业发展方向性的选择很重要。

第二，知识基础很重要。在大方向确定后，要积极、全面地积累和掌握行业的知识和应用，培养自己对行业的知觉，提高应变能力和感知能力。

第三，良好的资源。包括人际资源、技术资源，甚至还有投资资源。

第四，良好的身体素质。

最后，要有一颗富于创新的、追求卓越的、求异思维的、年轻的心。

作者简介

叶红兵

来自深圳，和马化腾是深圳中学校友，1989 年毕业于北京航空航天大学电子工程系，主攻信息工程专业，曾任深圳特区发展证券公司国际业务部经理。1999 年后投身 IT 技术领域，先后担任美国北鹰科技网络系统部经理、神州数码华为产品事业部技术总监、互联网架构师。目前负责互联网技术的应用管理及推广合作。热爱生活，喜欢网球、旅游，热衷各种挑战。

进化

Evolution

一个互联网老兵的职业追求

互联网是个变化莫测而又突飞猛进的行业，任何人要想在这一行业生存和发展，必须要有与时俱进、不断创新的精神，不然瞬间就“奥特曼”了。

以我十多年的IT及互联网经历来看，可以概括为“大浪淘沙”四个字。曾经辉煌一时的技术与创新可以瞬间成为再正常不过的事情。当初我也曾和马化腾、求伯君、丁磊、雷军等如今的互联网大佬一样迷恋过CFIDO，但我没有如高春辉、华军等人一样成为独领风骚的个人站长或互联网的大咖。

不过，我一直在这片水中游着，看着我们的同行，一部分成为了互联网大佬，一部分已经失联，还有一部分随着IT、互联网、新媒体、移动互联网起起落落，说不定从哪又冒了出来：“嘿，哥们还在这游呢？”。

是的，我还在。

人生就是这样，未来的路很难事先进行规划，它总是在不期然之中来一个急转弯，把你抛到了另一个跑道上。

我的经历就是这样。一部分是被选择，一部分是选择，在选择与被选择当中，我成为了一名互联网行业的幸运儿。以下就我的职业追求与行业感悟给大家分享。

想干点大事就选择了北京

我 2003 年年初毕业于大连海事学院自动化专业，获硕士学位，算是上学时就进入到了技术行成为技术大“神”。上学时我算得上是个好学生，曾获得辽宁省三好学生，大连市三好学生，辽宁省优秀毕业生，“船检局、招商局等奖学金”等众多荣誉与奖项，并在全校 2000 多名毕业生参加的保送研究生考试中以第一名的成绩脱颖而出，不谦虚地说，我是那个时代的“学霸”。当然，大家也不要以为我就是个书呆子、技术控，实际上我对市场应用还是很敏感的，早在还没毕业就跟随我的导师参与了好几个百万元级的大型国家和部级项目（东北制药厂化工生产自动化、大连瓦房店轴承故障监测、交通部海大锅炉自动控制等）。

通过这些项目的实施，让我在学生阶段就参与了市场熏陶，锻炼了融入社会的胆量，学习了与人的沟通技巧，也明白了好技术要服务于市场的基本原则，尝到了用自己的专业技术获得用户认可的喜悦。

服务于市场却不到一个大的市场空间接受检验也难以有所作为。硕士毕业后，我曾思考到哪去发展？大连虽好，也已经待了七年，但总期待去更广阔的空间闯闯，开辟一片新天地。所以那时别的地方我基本没考虑，主要考虑的都是全国的一线城市，北、上、广、深都是我的目标，按计划这些地方我也都去了。转了一圈回来，还是觉得北京大气、包容，于是就选择了在首都北京发展。

刚开始我也没有什么职业规划，更没有什么远大的目标，就是走一步看一步。但选择品牌类公司，IT 类企业的意识是比较明确的。我觉得选择品牌类公司有个好处，就是平台大，可以学习很多东西，钱多少都是次要的，重要的是别人接纳了我。我不仅可以在这样的公司学到东西还有钱赚，何乐而不为呢？这是我当时求职时的主要想法。

到北京的第一个公司就是当时响当当的北大方正，那个时候方正还是处于王选的时代，主要是搞数字媒体的产品创新与服务。我在那儿负责广电和新媒体非线性编辑系统、快编系统、数字媒体资产管理等采编播相关产品研发与服务。我干得很顺手，不仅很快地融入了公司，而且很快地掌握了技术服务要点，成为公司的主要技术服务人员。

在方正经历了两年多的磨炼和技术积累，在新媒体发展机遇的浪潮之下，我被挖到一家新媒体技术公司。这家公司以 Coolstreaming 的 P2P 技术名噪一时，主要是搞流媒体运营平台的研发与开发。在这家公司，我还是延续了在方正工作时的业务优势，在新媒体技术平台方面做出了大量的卓有成效的工作。

在这个地方工作时间也不长，算起来也才两年时间，和方正差不多。现在看，这个时期是我学习升级的时间段，处于被选择的阶段，职业目标并不明确，干的都是形而下的活儿，并没有切入到一个高阶的平台上，个人成就感也不大，当时就有寻求到另一个新平台上去。

平台不是你想要就有的，一个是你可以自创，二是到别人已有的平台上舞蹈。创业对我那时还不成熟，也无经验，找平台工作还是当时的主要想法。

找平台也得要别人看得上你才行啊，这一点我很自信，凭我在新媒体技术上经验与优势，应该不成问题。

2007 年那会儿，传统媒体转型新媒体还是个新鲜事，就是很多大的传统媒体都知道这个趋势，但在技术上还是有很多障碍的，他们急需新媒体领域的技术人才。传统媒体对转型的反应都比较慢，而具有国际背景的公司就比较快。

环伺周遭，在传统媒体领域做得风生水起，对新媒体又有战略眼光的是哪家公司，非凤凰卫视莫属。

凤凰卫视是传统媒体中的后起之秀，市场化程度极高，体制机制与管理也是内地媒体所不可比拟的。凤凰涉足新媒体与几大门户相比是较晚的，刚开始也只是电视媒体的附属机构，后来才发展成一个独立互联网门户的概念。

我到凤凰正是看到了它的这种后发优势，在这里有很多事可做，可以尽情发挥我的想法。

凤凰是个大舞台，我在那儿一呆就呆了 7 年，这是我职业生涯中最重要的经历。

在凤凰我干了不少“牛”事

处于转型发展当口的凤凰网，有太多的工作要做，我加盟之后也干了不少大事。我主导研发了一个曾被编辑们誉为“天使系统”的 SMOP 流媒体运营平台，这个平台实际完成的是一个基于音视频采、录、编、存、传、播的流媒体技术解决方案，支撑凤凰视频网站的点播、直播、VIP、版权售卖、凤凰移动台、互联网电视、运营商视频基地合作运营、网台联动、凤凰音频、凤凰广播等凤凰全媒体业务，并多次荣获公司的最佳产品大奖、优秀研发团队大奖。

凤凰是传统媒体向新媒体转型得较为成功的媒体，这其中一个重要因素就是技术的创新。我们在业界率先启用 DVB 无损收录、无损快编、H.264 云转码、直播联盟播控平台、Flash P2P、全媒体生产融合系统、网台联动等新技术与平台。经过几年的研发与持续优化，技术平台从无到有，并成功地接受一次又一次的“大事看凤凰”的巨大流量的挑战（网站日 PV 超过 16 亿，日 VV 超过 1.2 亿，日动态请求超过 20 亿等）。

新媒体及移动互联网的崛起源于技术的创新与市场的需求，但核心还在于技术创新，结果在于用户体验。现在市场上所有做强做大的公司，都是以创新技术来支撑的。BAT 就更不用说了，没有微博就没有今天的新浪，没有 QQ、微信就没有今天的腾讯，没有支付宝就没有今天的阿里。正是因为有了这些创新技术换来的创新产品，才一举改变了这些公司的商业模式，打通整个产业链，实现了企业跨越式的长足发展。

作为凤凰新媒体中心的技术总监，我管理着视频技术、前端技术、资讯技术、财经技术、娱乐技术、互动技术等60多人的团队。从团队建设、系统研发、人才培养、平台开发与优化、沟通与协调、管理规范等各个方面，为凤凰网的崛起提供了技术保障。我的工作让凤凰加快了新产品的推进速度，成就了有别于其他几个门户的一方诸侯地位。

可能，此时有人说我就是个技术员，其实，我并不是技术控，也不是程序员，在凤凰，我应该是最好的产品经理。技术控也好，程序员也好，最后都是为了创造出好的产品。在凤凰这七年，我将互联网、广电技术、流媒体技术运用玩了个透，不仅是个技术专家，同时我也成为了一个优秀的产品经理与管理者。

过去我就是个干技术活的“民工”，别人随时可以替代你，附加值并不高。而在凤凰则不同，我从技术“民工”，转变成“制片人”、技术团队的管理者，这是一个不小的飞跃。管理者有自己的话语权，可以决定产品的生死，实际上成为了一个内部的创业团队的管理者，这使我从一个技术宅男，变成移动互联网行业中的CIO。这个角色转变，也是我职业生涯发展的一个新阶段。满足之后再超越，这是我要追求的。此时，我在思考我到底要什么？要钱？那是肯定的，但这并不是我的主要兴趣点。我发现，成就感是我很关注的，也是我追求的。成就感是因为我的努力，改变一个公司的产品格局，影响了一个行业的走向，这是多牛的事啊！能干出很牛的事，还愁没有钱赚吗？那是自然而然的。

我记得周鸿祎就说过，在一家公司不要觉得自己是为老板打工，要觉得是为自己打工，这样你的工作态度就完全不一样，学习的东西就会很多。

在凤凰网这几年，让我觉得只有成就感才是我事业成功的标志。

我能为国家做点事，很荣幸

大家听这话，可能都在那儿斜眼，冷笑。都什么年代了，还来搞这种“高、大、上”的事，谁信呢？来点实话，给点干货，让我们这些后来者读了以后真正对职业生涯有点用。人家这样说，我是预料之中的。

这年头谁要讲点理想、使命、不说钱的事，都被人说是“假、大、空”的典型。没准会被吐沫星子淹死。老实说，我一点也不娇情，我也不想说假话，我是一个很实在的人。凤凰出来之后，我到欧州转了一圈，一来算是休假，二来想想下一步我该干点什么。思来想去，我想到了创业，并且想卯足劲大干一番，而此时，中投视讯向我伸来了橄榄枝，经过一番思想斗争，最终我还是选择加盟中投视讯，姜强老大哥给了我一个平台内创业的机会。

大家可能要问为什么？我想说，这就是成就感的力量促使我这么做。

中投视讯成立于 2007 年 10 月，是由中国互联网新闻中心（中国网）控股的新媒体运营公司，也是国内第一批从事手机电视项目的文化传媒公司。公司拥有国家广电总局颁发的《信息网络传播视听节目许可证》的运营权。专注于网络视频及移动流媒体内容及平台的开发、整体解决方案的提供等相关服务和运营。目前，中投视讯公司已经成为集内容集成，节目制作、产品研发、业务运营推广于一体的国内最有影响的无线互联网视频新媒体项目运营公司之一。旗下的“视讯中国”手机电视是中国互联网新闻中心为适应移动终端发展而专门打造的新媒体品牌。依托国家主流媒体的综合优势，立足互联网媒体的基因特性，以新媒体技术应用创新为杠杆。通过移动流媒体技术，移动通信技术和网络信息技术的综合应用创新，而向亿万移动用户的信息和文化消费需求，建立手机电视行业标准，创新手机电视新技术应用，培养用户使用习惯，培育“视讯中国”手机电视品牌。自然而然，确立“手机电视”的定位，构建国家新媒体服务平台就成了我们的愿景。

作为国家平台、国家使命，这是很崇高的平台，成就感与荣誉感油然而生。

中投视讯公司虽然不大（人员规模 300 多人），却为我提供了很大的舞台。可以说你有多大劲，有多少能耐全使出来，只能表达于万一。

以前，我在凤凰网和其他公司，只是一个部门的负责人，或单纯的就是一个技术人员，有一定空间，但还是有限。而在中投视讯我是全面负责公司技术服务的副总，主持公司所有技术方面的研发与维护创新，空间很大，领导充分授权，让我找到了“海阔凭鱼跃，天高任鸟飞”的感觉。

在当前 4G 时代飞速发展以及传统媒体与新媒体融合发展的大好趋势下，中投视讯的战略目标更加清晰，并将坚定不移地依托国家主流媒体的综合优势，坚决彻底“新媒体化”，通过内容生产、传播推广、技术应用、商业变现的综合创新，面向最终消费者、内容生产者、行业需求者，提供新媒体化的内容和服务，实现视频与应用场景的无缝对接、直播与互动的完美整合，打造以娱乐、教育、体育、财经为产业重点，构建以“创意产业淘宝”为模型的国家新媒体服务平台。公司上下为此群情激昂、跃跃欲试。我很喜欢这种感觉，似乎是自己创业般的激动。

人生到了一定阶段，使命感、责任感、成就感的需求就特别突出，这不是钱已赚够了，而是懂得事业与成就远远高于混工资的低层次要求。

在国家级移动新媒体平台里，为国家做事，气定神闲、大气高远，人的心境都完全不一样。

我早期初入这行也算是个极客，现在我算是一个优秀的产品技术经理，我有无数的创意创新能在这个平台实施，就是一种莫大的成就感。

所以，你的追求体现你的境界，你的境界体现你的价值。因此，人的心态很重要，不同的心态就有不同的境界。

产业感悟与职场建议

前面提到，移动互联网是个快速迭代的行业，创新和颠覆始终是这个行业的主题词。谁也不可能创新一个产品就永远引领潮头，只能保持暂时的优势和领先半步的喜悦，这个行业就这么残酷。

所以，要想在这个行业有所作为，就必须不断学习，不断超越自我；要有战略眼光，要能把握趋势，看清、看懂、看透这个行业的本质。

以我在移动互联网混迹多年的感悟，我觉得未来可能有以下几个方面，我们必须有所洞察。

→A. 手机电视应用将不断深入←

随着智能机价格不断下降，网络基础设施的日益完善，移动 WiFi 无所不在，移动互联网市场实现市场深度辐射已是必然，甚至到无处不 WiFi 都是可能的。更何况 4G 的大量应用，流量费用不断走低，新开发的客户端应用宝，手机浏览器领域的 UC，使手机电视等方面的应用不断升级。

→B. 超级 App 平台成为竞争主流←

即时通信和上网浏览是用户最大的需求，微信、QQ 是用户使用最多的即时通信工具，UC 浏览器成为用户最常使用的手机浏览器，国内市场份额超过 65%。微信全球用户突破 6 亿，UC 浏览器全球用户则超过 5 亿，安卓平台用户超过 3 亿。这些巨量的应用占领智能手机终端成为平台，从而整合为航空母舰式的超级 App，形成平台竞争优势。

→C. “轻应用”将成为移动互联网的核心←

随着移动网站与混合应用的普及，今年将是 HTML5 技术使用的爆发年。这无论是 Native App 与 Web App 的竞争有多激烈，也阻止不了各种各样的 Web App 如雨后春笋般出现，尤其是伴随智能手机的普及而受到重视的 Mobile Web App。

随着以传统 App 为核心的应用商店模式遭遇瓶颈，搭载“轻应用”的浏览器、微信等超级 App 将与应用商店模式形成互补，成为移动互联网生态的另一个核心。

→D. “三化结合”实现全覆盖←

“三化结合”是指“互联网化”的智能内核、人性化设计的“外壳”硬件、满足个性化需求的服务三者的结合体。这种“软硬结合”的趋势，会对一些传统行业带来一定的冲击，使很多同行放弃个人市场，转战企业市场。未来，随着浏览器“轻应用”的崛起，提升 App 的用户数不再是第一运营目标，通过浏览器或超级 App 来覆盖全用户则成为新的重要指标。

→E. 行业细分是方向←

随着移动用户的激增，移动生活方式的形成，在行业细分领域的应用将成为一种趋势。开放、社交化、本地化成为基本特征。越来越多的用户需要更为精准的服务，专注于某一个领域，将用户体验做到极致，就可以引领一时之先。

末了，回头想想我这十多年的职业生涯，我想给年轻的“小盆友”们几条建议，或许对你们的职场生涯有些帮助。

1. 你在学校学的专业并一定就是你的职业选择。可根据市场的需求调整，然后将自己定位于一个方向去发展。我是学自动控制的，其实离互联网还远着呢，但我将自己定位于技术人员，很容易就切入到 IT 和互联网。无论我换多少工作，始终以技术为本，寻找到自己价值。所以，年轻的“盆”友，首先要定位自己是谁，才能有好的发展未来。有一个叫杰克 · 特劳特写过一体书叫《定位》[①] 的书，建议大家去看看。里面讲的“品牌再定位”理念，其实和人生定位是一个道理，有了定位才有目标。如果有兴趣，还有一本叫《商战》[②]（Marketing Warfare），也写得非常好，可以做为职场发展技术指导书来看。

2. 在职场中，一旦选定了目标就要深度聚焦、长期坚持。重要的是还要时时升级，不断转型提高。马化腾、雷军、周鸿祎都是程序员出身，但他们并没有陷入技术本身的泥潭，而是将技术极早地与市场进行应用和转换，因此，他们成为一代风云人物。实际上，他们从程序员变成了极客，又变成了企业管理者，也就是老板。仔细看，他们身份的改变，还是以技术创新为本的，只不过他们与市场用户进行了有机结合而已。这就是聚焦一点，再转型升级带来的结果。专注于自己的擅长，不断聚焦升级，这样的发展是有积累的。

3. 我希望大家懂得“坚持”的意义。在工作中，一旦选定目标就要长期坚持下去。这个说起来容易，要做到很难。选择一个行当，专注地扎下去，成为这一行业的专家，日积月累你就是权威。千万不要今天干这件事，明天干那件事，不要为钱所左右，而要为自己的专业所左右。一切变化不定的职业选择，到最后都会被市场淘汰。坚持目标，坚持理想，坚持专业，才可能由丑小鸭变成白天鹅。

---

①（美）艾 · 里斯，杰克 · 特劳特. 定位. 机械工业出版社，2011.
②（美）艾 · 里斯，杰克 · 特劳特. 商战. 机械工业出版社，2011.

作者简介

费有文

毕业于大连海事大学智能控制硕士专业，获硕士学位。现任视讯中国副总经理兼 CTO，全面负责以手机电视业务为主的产品研发以及技术平台建设和管理工作，曾先后加盟过北大方正电子、光芒国际、凤凰新媒体等公司，一直承担着核心技术研发和管理岗位，十多年来，在传统广电、新媒体、互联网门户、视频网站、移动互联网等领域积累了较丰富的产品、技术、业务方面的能力和经验。

进化

Evolution

巨人十年

初入巨人

进入游戏行业是一个很偶然的机会，在这之前，从没想过会与游戏结下不解之缘。

上大学学的是金属材料与热处理，2001 年从哈尔滨理工大学毕业后去了宁波一家传统行业。2003 年时因为公司要建 ERP 系统，老板看我对电脑感兴趣，就让我去做了网管，负责 ERP 系统与 30 台 PC。宁波是个小地方，公司也就我一个网管，想着一个人学不到什么东西，于是在 2004 年年初带着 3000 元借款来到上海一家软件园，2005 年的时候所在的公司倒闭了。当时巨人网络就在我们软件园区里，就这么着，我去了巨人网络，这一待就将近十年。

进公司的时候，正赶上游戏技术测试，运维部门加上 IT 支持的同事总共七个人，人手紧缺，整个环境还没部署完成。进公司第一天，就直接扛着交换机就去了张江机房，这是我第一次见到有这么多的服务器。刚进公司的时候，我的职务是一名网管，当时公司已经有 100 多人，工作是忙碌而充实的。每天从 19：00 到 21：30 是我们的加班时间，大家都会去玩公司开发的游戏，去测 Bug。在大学里的时候，跟很多人一样，我也喜欢玩游戏，从仙侠奇侠传、金庸群侠传到星际争霸、CS，基本玩了个遍，唯独对网络游戏没什么兴趣。技术测试的时候，记得当时游戏能开到45级，跟着玩家一起练级、PK、刷怪，给我带来不一样的感觉。慢慢地部门里两个负责游戏的同事事情多了，也经常会有通宵的情况出现，当时买服务器也是买最实惠的。曾经有一段时间，公司自己买主板、CPU、内存等，拿到公司小机房里通宵组装，然后再发到IDC，这样的机器在早期占了很大一部分。其实我不知道的是，当时公司已经处在一个很关键的时候，老板的第一笔投资已经花完了，游戏没有开发出来，第二笔投资也已经花了快一半，如果产品推出不理想，我可能又一次面临失业，这是公司的全力一搏。

机会总是给有准备的人

11月15日的时候，游戏内测。第一天游戏就上了2W多人，我们也获得了第一步的成功。随之而来的是各种问题，运维的同事忙不过来，领导让我去帮忙。我是8月底进的公司，刚进公司的时候，对Linux根本不了解，甚至都没听说过MySQL是什么东西，在不忙的时候，我喜欢站在运维同事的后面，看他们操作并把命令记下来，然后到网上去查具体命令用法。两个月的时候，Linux的操作对我而言已经基本没啥问题了，就这样我开始帮运维的同事做一些事情。到年底的时候，因为劳动强度大、加班多，运维技术负责人离职了，而我因为对业务的了解，接替了他的工作。

不断的学习

运维是一个不断学习的过程，游戏刚开始的时候，单区更新需要一个小时，更新的过程中还经常会出现一些误操作。每次开新区，就跟打仗一样，新区准备就需要七八个小时，而且还会出现各种各样的状况。那么就需要一个 CheckList 来对操作结果进行检验，确保环境是 OK 的。但是 CheckList 本身又会带来更多的工作量，老板是不能接受时间延长的，只能提高自己的效率。通过 Shell、Perl 和 Python 等，我们建立了一套简单的发布系统，全区发布基本半个多小时就能完成。经过多年的完善、修改，到现在，一个产品人员通过简单的操作就可以完成游戏的发布，整个过程只需要几分钟。多的时候，巨人一个月就有 1800 次的发布动作，这样大的发布量，如果没有系统，结果将不知道怎么样。

在建立系统的过程中，我们发现建立系统不光是运维的事情，QA 每次给的版本格式如果有变化，系统就不能正常发布或者发布不完全，开发人员写配置的方式不对，很多功能就实现不了，而且有时候还需要开发人员打一些特殊的日志以识别代码的执行情况。开发人员因为本身的任务比较多、工作量大，怎么说服他们配合工作，根据需求来更改结构，是一个很大的挑战。而且随着游戏项目的增多，这种问题也更加突出，这时侯就需要一个标准让大家都遵行，然而最初建立标准的过程总是最难的。

运维不光是技术

运维是工作在第一线的，服务器宕机了、装备丢了、程序死锁、出现刷钱 Bug，游戏的一切问题都先找运维部门。做运维需要具备较多的技术知识与业务能力。在出现问题的时候，不管是游戏 Bug 还是程序宕机，最后也是运维人员在处理。老板总是会问能不能再快一点？甚至有的时候，老板就站在背后或者一个接一个的电话催促进度。这时候可不能乱，一旦乱了，就很有可能出现误操作。

在后期，项目太多，每个项目组都希望自己得到的支持是最多、最好的，比如发布时间，在很长一段时期，发布还是手工操作，每个项目组都喜欢在周四做发布，因此周四一天的工作量基本上占据每周工作量的一半，这时候就需要跟各方面做协调。

做了近十年运维，从不懂到懂，从一个门外汉到现在的各方面都知道一些，我觉得运维最需要的就是坚持。在 2006 年和 2007 年的时候，是我们工作量最大，也是最黑暗的时候。游戏不稳定、结构需要调整、运维系统基本不成型。半夜被叫起来处理问题是经常的事，曾经有段时间，一周就两天可以睡到天亮，其他时间就睡两三个小时，一直到现在还有“铃声综合症”。

作者简介

吕李俊

2001 年毕业于哈尔滨理工大学金属材料及热处理专业，2005 年加入巨人网络，现任运营平台中心副总监一职，负责巨人网络游戏运维，拥有多年的游戏运维及管理经验。

前行从心出发

直面人生的每一种选择

2001 年高考结束，我不愿在父母庇护下安稳成长，于是报考了一所远离家乡的高校。虽然没有如愿去学计算机专业，但是我知道，在一个开放的大环境下，我的梦想将有很多机会得到施展。

第一个学期，学校规定不允许将电脑带入宿舍。也正是这个原因，我更珍惜去机房的机会。在那里，我第一次看到了同学的个人网站，那让我兴奋无比。就像是 1995 年第一次知道“五笔输入法”，抑或是在高考后的长假中一遍遍地在家里的台式机上折腾着装系统、用着显示图片都很困难的网络。在那之后，我对网站的热情便一发不可收拾。大学里我做了两件事，第一件就是找到了自己的爱好：编程做网站。这里面有转化经济利益的商业项目，也有转化成荣誉的学校和政府项目。比如在一个深山的旅游景区中呆了半个月开发景区网站；随学校下乡支持基层政府信息化建设；某个学期暑假里蹬着自行车去各个公司做电子商务的社会化调查；混迹于一些开发公司中学艺……这些经历，让我学会了基本的网站建设技能。第二件让我自豪的事情，是我顺利完成了学业。虽然站在图书馆一排排计算机书籍面前的那种兴奋难以言表，每年有计算机专业的学长毕业时都去收一堆书，但是我还是没有荒废掉自己的专业课。我内心总是在说服自己软件工程和建筑工程都是工程学，不同的应用领域而已，要掌握的是方法论，可以一起学习，因此我顺利度过了四年的大学时光。这两件事，让我在整个大学期间非常充实，没有留下学业上的遗憾，同时也积累了很多经验。

听从内心的召唤

2005 年要毕业了，在最后选择方向的时候我选了房地产，同时毕业论文选择了一个难度较大的课题。为了这个课题，系领导专门找了外校信息管理专业的教授来指导，校领导十分看重这个交叉学科，我的知识结构很幸运地让我成为了他第一个学生。同时我凭借这个课题得到了当地最大的一家房地产公司实习的机会，当时我的工作内容就是做企业的信息化改造，应该是传统企业最原始的 IT 部门的雏形，当时很流行 OA 以及 ERP 的建设实施。

在做内网建设时，我熟悉了整个组织结构和项目关系，这个比在学校修《组织行为学》可是印象深刻得多了。在楼宇销售和 OA 的实施过程中，对房产公司的业务也被动熟悉了。跟着公司前辈投资了公司的内部项目，影响到了我日后若干年的投资理念，当然这也给我带来了很大的经济回报。

2006 年年末，在一年后的轮岗培训时我选择了离开，因为觉得自己还是要往互联网方向发展。

这是毕业第一年，我的同学大多已踏入工地，开始了三年的工地生活。当然他们未来的规划也被无数的师兄验证过：稳定得一眼可以看到头。而我按照自己内心的召唤，走向了码农的生涯。当然也做过一些有意思的事情：跟当地的小伙伴一起做了几个有收益的独立网站项目维持生计；开始将基础资源作为一个生意，做域名、虚机、服务器带宽租赁、网站建设等。2007 年，我遇到了一生挚爱，她非常支持我的事业，无论我面对什么样的境地，她都鼓励我不要放弃。

那一年，我感觉自己的人生，终于走向了正轨。

有梦想就有未来

2008 年，北京的同学抛出橄榄枝，希望我能到北京来发展，一起做网站项目。当时的我虽然对眼下安逸的生活环境有所留恋，但是逐渐产生的家庭责任也让我意识到了发展的持续性问题，于是毅然北上。从一开始的兄弟情谊，到现在的公司运作，我自己也越来越成熟。

在北京的第一年，有若干项目在平行开展，我也感受到了前所未有的压力：组建团队、发展项目，让习惯单兵作战的我很不适应。2008 年年末，在这些平行项目中发展最好的一个项目要注册公司正式运营了，由于创始人之间都非常熟悉，简单的流程后，我成为了这个创始团队的一员，负责运维。这个项目就是后来变得很知名的 7k7k.com。

之后的四年 7k7k.com 蓬勃发展，我也在这个岗位上一直延伸自己。回顾在这四年里，最大的感受就是迎难而上、毫不畏惧。当时公司一直推崇亮剑精神，我自认为贯彻得非常彻底：一个人，面对一堆离散的租用设备，经常出 Bug 的程序和蓬勃发展的业务。这个过程是痛并快乐着，痛的是身体，快乐的是精神。

这个过程中我最大的欣慰是虽然看似杂乱无章，但是每个伙伴都很有担当，具备了互联网创始人的优良品质：信任和责任。在那个机遇上，只要是认真做下去，就能得到很多发展机会。偶尔也会情绪失控非常崩溃，我印象很深的有一次跑到山里去野足来释放压力，手机没有信号还让大家非常担心。

在极度困难的时候，总会激发出人的潜能。也许是天性，我不再纠结于各种繁杂的事务，开始系统性地做建设。那时候我自己最喜欢的一句话是“生活就是工作”，在伙伴的支持和信任下，重新梳理最快的方式就是少走弯路。站在巨人的肩膀上总是没错，兄弟公司的技术、圈子里的朋友、合作伙伴、紧密的团队都是我的老师。在这个专业的领域里，我用真诚和勤奋赢得了大家的帮助，那个时期搭建的基础架构、技术体系、基础设施，很多都沿用至今。

在这个过程里，认识到了团队的重要性。要把事情做好，搭班子很重要，我个人的感受，技术团队最牢固的还是“老”、“中”、“青”的结构，“老”有经验、精力略差，要珍惜呵护，给足待遇，来当老师、做架构；“中”经验和精力平衡，要给出发展空间，使其作为中坚力量的执行者；“青”经验浅精力旺，要给成长空间，给出鞭策和标准，使其成为重复性工作的操作者。随着时间的推移，这个结构会源源不断的有生机。

以上是比较理想的状态，而团队的实际建设是一个拉队伍的过程。

很庆幸在每个梯队里我都遇到了合适的同学，帮我分解和支撑着我所负责的领域，一起辛苦、一起高兴，这个有战斗力的团队让我感动得流过泪，我很爱你们，也很自豪你们能稳定地成长为各条业务线上的中坚力量。

通力合作携手辉煌

在高速的发展期，开放的心态很重要。“小”的合作伙伴可以辅助，“中”的合作伙伴一起成长扶持，“大”的合作伙伴能获取更多帮助，在每一个发展的阶段大家都是朋友。

体量的大小总是相对的，因为我们自己也在不停的变化中，这个过程得益于积累、互相担当和信任。这些合作伙伴的范围在技术方案提供商、基础设施供应商。这个心态在日后与律师事务所、会计事务所同样适用，政府关系略有不同。

“小”的相遇是缘分，“小”不需要排斥，因为大家起初都很小，我们不是那种一开始就是被资金包装起来的，一切都是从头开始、自负盈亏。所以对“小”有种特殊的感情，如果“小”能随着发展并跟上节奏，就变成了很稳定可靠的合作伙伴，大家共同珍惜这份关系，不逊于商业合作。如果跟不上发展节奏，“小”就自然被淘汰了，但大家还是朋友，只是当初给自己设定的方向不一样。

“中”的数量很庞大，选择很麻烦，所以珍惜“小”升“中”的伙伴，缺失的部分再来物色弥补。不要拒绝也不要随便答应。“中”是门当户对的伙伴，他们是主流业务最有立的支撑者，是成本与能力最好的平衡。

“大”，你可以幻想所有的合作伙伴都是世界一流的，但是如果你不能成为世界一流，也负担不了各种资金和流程的成本，那么他们只能成为核心业务追求的支撑伙伴和提供规范化服务的样板。能成为“大”已经是屈指可数，珍惜合作的机会，选择的过程中可以有所倾向，但是也要把握平衡。

我同样很幸运，在每个体量上都遇到了可靠的合作伙伴，“小”的能成为朋友、“中”的相互尊重，“大”的以人为本，互相倾心交流。这种融洽的合作关系为公司换取了很多时间成本和坚实的基础支撑。代表公司，我不会贸然地拒绝你，但我也不会轻易地承诺你。保持一颗谦卑的心，珍惜每一次合作的机会。

新的开始

2013 年，公司已经完成了两轮融资，而我也被要求从技术岗转到管理岗。这个转变可能很多技术人员难以逾越或者感到痛苦，这也是我接触的工程师中存在的普遍心态。做技术岗位心里很踏实，这个踏实来自于一颗匠心，熟悉的东西做了若干年，如果丢了自己心里会没底。而我在面对着这些转变的时候，心里也在调试，这份调试的坦然来自于我开放的知识来源和创业的心态。专注在技术领域里无疑是对职业化的最好延伸，但是公司的规模化会带来更多的回报，我似乎有天生的使命感。

在这个阶段里，我也在天然的排斥中不断去尝试，除了原有工作的一些延续，政府关系、行政、人事、财务、法务这些都会涉及，对技术和业务的熟悉可能是优势，但思维模式和知识结构也在受到冲击。而且随着公司的发展和自己年龄的增长，家庭和事业分配的比例、内心的感受也会不同。而未来不管有何种变化，从心出发，继续前行。

作者简介

赵磊

扬州大学管理学学士，在校期间开始钻研网站建设。毕业后放弃稳定工作，经营独立网站和 IDC 业务。机缘巧合加入 7k7k，来北京创业工作至今。

现任 7K7K 总裁助理，负责信息资源、法务等多项事务的综合管理。有十二年网站技术和 IDC 相关的经验，前五年侧重网站建设运营和 IDC，后七年侧重运维技术管理，在个人发展过程中经历了各类型网站、客户端、页游、联机游戏、社区游戏等多条业务形态产品的搭建管理。

对传统行业和互联网的观察

渴望优秀，是一个人前进的最大动力。人生是一场竞赛，胜利只属于那些有雄心且真正想要赢得比赛的人。有了一颗不平凡的心，你才可能不凡，才可能拥有波澜壮阔的人生。每个人的成长，都是一种进化，都是向着优秀、更加优秀的自我不断前进。

我不是一个成功的榜样，只希望不断超越自己，甩开残影，摆脱束缚，找到一条属于自己的进化之路。

初入江湖

→江湖夜雨十年灯，梦里回首身未醒←

与计算机结缘其实不算早，上大学以后才开始接触。

十几年前，中国驻南大使馆被轰炸那年，我独自一人来到北京。身上冒着泥土气息，从四川的一个小乡村走进这个注定要纠缠几十年的城市，有一种举目茫然、四顾无亲的感觉。但很快我发现，在这个城市里面有着与以往所见截然不同的风景。

大学，是一个非常多样化的社会，各路高手挤过了独木桥，进入同一个小社会。很多人都自诩天之骄子，心高气傲，各种相互不服。有人潇洒倜傥，处处欣赏花红酒绿；有人低沉木讷，整天沉醉在自我世界中。而作为第一次出远门的我，对大城市毫无概念，还没有调整过来的时候，就发现了计算机这个神奇的东西。鼠标、电源、显示器、南北桥、主频、BASIC、CCDOS、MUD，对别人看似普通的东西，无一不让我觉得神奇万分。

在我看来，在计算机的世界里，我们就像法力高强的魔法师一样，可以随意建筑自己的世界，改变各种颜色，而丝毫不用在意别人的眼光。每一次世界的亘构，每一次代码的完成，都能够给我们带来极大的满足感。很快，我就开始对计算机、网络、编程入了迷，每天没日没夜地去了解、学习现在看来很是初级的知识。加入了好几个学院的计算机社团，了解 Linux 的发展史与 FreeBSD 的异同，知道大教堂和集市开发的差异，尝试自己写一堆极少使用的小软件……时间流逝，我沉醉于虚拟世界，自由自在。

学以致用。只有把自己所学真正用上，在实践中反馈，反馈中提升，才是真正的学习之道。终于，有了这样一个机会。

大二那年，学校的部分机房已经连上了教育网，但是宿舍还完全没有网络。经常出现排队"上机"的情况，长长的队伍只为了上机选课，经常动不动就要等一两个小时，民怨四起。有些同学已经购买了的电脑，但这些电脑之间完全无法互联互通，与没有电脑没什么差别。此外，校园是一个荷尔蒙特别旺盛的地方，各种游戏、社交需求层出不穷。于是，几个系里的师兄们开始策划："要让这些电脑都能连起来"。一声号召，应者云集。很多同学一起加入了行列，开始跑动起来。线路规划，资金筹集，网路铺设，设备调试，宣传动员……就这样，一次小的创业行动拉开了序幕。经过了约半个学期的时间，我们组建了一千多台电脑的局域网，堪称北京最大。同时拉了赞助，与电信合作，拉光纤接入了互联网。随后搭建了自己的 BBS 系统；构建软路由进行上网过滤；组建了游戏网络，让帝国战争、星际争霸以及 zMUD 风靡整个校园；进行世界杯转播，听胜利呼声响彻交大；自发式地解决了娱乐、社交，甚至还开始了宿舍小卖部等微电商业务。最后，校办看着形势愈演愈烈，担心走势不好控制，在大四的时候，网络中心出面收编并改造了宿舍网络。

整个为期两年的时间里，感觉自己就像是晒干的海绵突然掉入大海，各种新鲜有趣的东西，真正有机会去实战。比较系统地学习了互联网的很多技术。包括 Linux Server 的安装配置，BBS 系统的搭建和优化，网络游戏环境管理，以及搭建自己的检索平台、视频转播的系统。除了学到了一些驳杂不精的技术以外，更多的是知道了如何去学习，如何能够在时间很紧的情况下快速掌握一门技术、一种技能，并实际应用。这为日后踏入社会有了一些小小准备。

另外一点，则是给我点燃了创业的火种。虽然高校环境与社会大环境有很大的不同，但是这个小型的创业活动几乎涉及了所有的创业过程。这些过程中，可以给自己带来很多思考和体验。包括你在如何说服赞助商给你资金、如何动员学生加入网络、技术在创业中的重要性、方向的选择以及保持团队的融合与管理。技巧是一方面，更多的是专注、信心，乃至狂热的激情。在 2002 年转播世界杯的时候，整个校园里面在进球的那一瞬间爆发出来的欢呼和赞美，就是对我们努力的充分肯定和认可。

承担压力也是一种能力

→十指苍茫处，流年淡淡香←

很多时候，一件事情，如果你不去做，你是不知道自己能否胜任的。只有勇于尝试，敢于挑战，不停地给自己压力，才能迫使自己不断成长。

毕业之初，我加入了一家传统硬件公司的软件部门。最初，部门的定位是给硬件做随机软件，比如幸福之家、外设驱动等软件，部门的名字也叫做软件设计中心。随着传统软件行业的兴起，企业信息化、办公自动化、电子办公等概念开始流行起来。

当年 J2EE 刚刚兴起，我们对神奇的 Java 体系只是略有耳闻，不知具体。公司为了业务发展，将软件部门从成本中心转为利润中心，号召大家积极学习 Java，并作为专项来进行训练。正好，有一个管理系统的项目，取名 Lancer，寓意为最快的跑车。初生牛犊不怕虎，我主动申请担任项目的技术经理。整个项目时间很紧，而我刚刚进入工作，很多工作过程还没有摸熟，再加上 J2EE 概念众多，系统性较强，给自己的压力非常大。由于大多数同学对 Java 都不了解，技术经理需要提前进行技术预研、选型并做出原型来，同时给其他的同学进行培训。经常一个概念就需要讲解很长时间，对年轻人的耐性是很大的磨炼和挑战。咬牙坚持、殊死搏斗、积极发动其他同学配合，最后比较成功地完成了 Lancer 项目。

这是我踏入社会的第一个，且自己主导较多的项目。在项目复盘会上，大伙都说好几次都以为做不下去了，没有想到最后还是完成了。虽然项目不完美、跌跌撞撞，好多地方都需要跑动补位，但大家还是学到了很多。比如 Java 的体系结构、敏捷开发的最佳实践，还有持续集成、单元测试等。

最重要的是，我自己则知道了：你想要优秀，只能给自己更大压力，在压力下潜力才能展现出来。人与人之间智商的差别并不大，更大的是你是否认真、是否坚持。当你全神贯注、精准聚焦于一件事情，再复杂的事情也会变得简单起来。任何成就都不是等待而来的，只有不停争取、主动承担、冷静观察、细致思考，最后才能够勉强摸到成功的边沿。

转战互联网

→要学会走出舒适区，才能有更大的成长←

2008 年，在传统软件行业里小有成就，有了自己的部门和团队，有自己的几个业务方向和领域。看起来，我似乎可以看到了三年、五年以后的方向，甚至看到以后的我在向自己挥手示意。但，太舒适了，一天一天，一月一月的日子都相同地过去。项目一个接着一个的完成，客户的面目感觉千篇一律。虽然感觉自己在业务知识、交流沟通方面都有所成长，但强烈的危机感让我觉得自己的速度远远跟不上时代的发展。于是，我选择了一个发展速度最快，业态最无序的行业——互联网，加入了赶集网。

初入互联网，发现这确实是一个不适应区。很多思考方式、做事方法乃至生活习惯都有很大区别。

比如，上下班时间上就有很大区别。在传统行业中，朝九晚六，可以提前但比较少延后，而赶集网标配早晚十点上下班。

以前每周只有周五可以便装，如今赶集的老板都穿着拖鞋、短裤上下班。

在工作方式上也有很大不习惯，在赶集每周一个迭代已经算很慢了，两三天乃至一天内上线的项目比比皆是，这在传统行业往往不敢想象。以前一个需求一个月周期算简短的，互联网需求最长一周内出结果。

后来逐步发现，互联网是一个高速发展的行业，市场的快速变化需要及时有效地反馈到产品上。“天下武功，唯快不破”，只有快速响应，才能够追上市场的节奏。进而先入为主，抢得先机，占领市场。当然，快就避免不了考虑不充分、不全面，甚至出现错误，于是你需要更快地去搞定这些问题。

此外，互联网用户是一个极端挑剔的人群。他们拥有极高的热情，当产品出现漏洞时，一天内就会出现在各大媒体，好事者极有可能大肆攻击。你要讨好的人不再是彬彬有礼的企业老板，打交道的也不再是有流程素养的职业经理，更多是在野蛮生长并不停试错的同伙，同样在车库中生长的其他对手。

正是在这个乱象丛生、剩者为王、速度优先、敏捷迭代的行业里，有那么一群看起来懒懒散散，干起来却雷厉风行的人。他们不太重视冗杂的流程，不太要求完备的文档，但是目标清晰明确，每个招式都简单实用且一招制敌。细到页面像素，大到架构方向，招招制敌，简单直接。

在这个行业中，没有那么多的勾心斗角，不用考虑如何复杂的搞定合同款项。只需要把所有精力都放在产品、体验、技术、性能等关键方向上，而检验这一切的是用户选择。

作为完全陌生的行外人，我只能压制着自己的种种不习惯和不适应。端正态度，重新定位，加倍努力地去学习，与新老同学一起去参与琢磨细节。带着思考去观察，带着总结去工作，慢慢发现，这片新的天空风景别致。PHP 也能玩出花来，Nginx 性能优化无穷尽，大数据的处理方案有嚼头，高并发能力也不只是堆机器，灰度发布怎么控制……不一而足，就如刚进大学和刚刚参加工作一样，沉醉其中，不能自拔。

除了技术上的转型，项目管理的过程和方法也有着很大区别。虽然传统项目已经在试用迭代，但迭代周期一般都较长，且大多数项目仍然在按照瀑布模型在应用。RUP 和 CMMI 仍然被视为最重要的项目管理过程和质量体系。可是互联网行业需求多变，要求响应迅速。虽然 CMMI 和 RUP 有很多裁剪指南，但你每次都要裁剪，裁剪得面目全非的时候，很自然就会思考是否应该有更适合、更针对于互联网的开发模式。于是“敏捷”再燃战火，各种敏捷实践应运而生，其中 Scrum 深入人心，受到了大多数开发者的欢迎。

这一切，都显得那么格格不入，难以与之前的习惯结合起来。但是，正因为这种不舒适、不适应，才逼着自己不停地向前跑。正是这种不适应，逼着你跑的更快。

你不是一个人在战斗

→竞争和合作是个永恒的话题。←

在这个自然界中，我们一直处于竞争和合作的过程中，竞争让我们个体更加优秀，而合作则让我们有一个更优秀的团队。一个人的力量总是有限，在手工作坊或者简单系统的年代，一个英雄足以改变整个时代。而在现代社会，改变时代的英雄身后必然有一群精诚合作的人们，他们组成一个优秀的团队，才有可能改变一个时代。

一个优秀的人，不只是在于要将自身变得优秀、有战斗力，能够秒杀一切需求，还在于能够带动身边的人一起进步，共同变得优秀起来。因此，从个人进化的角度来看。开始时，你是一个人在战斗，竞争对手是所有的个体；然后，你发现你需要一群人来完成一个任务，你需要与之合作，变成一个团队的组织者；再然后，就需要领导一个团队，创造自己的事业。

对于团队管理，每个团队管理角色都有一套自己的理论。但对于一个优秀的 Leader，最重要的事情，不是搞定了所有的技术问题和所有的业务问题，而是如何提供一个良好的工作环境，让每个组员都能够发挥出自己的能力，一起协作搞定任务。

在赶集，有些员工是从大的互联网公司加入，也有草根出身但战力惊人，有从校园招聘脱颖而出，也有传统行业跨界作业。每个人都有自己的一套做事情的方法，在以往的经历中都行之有效。当这些聪明人都走到一起的时候，在沟通协作以及做事风格统一上就需要有一套包容的文化。说也简单，赶集网的文化就三个字：正 · 传奇；所谓正，则是做人要正，心要正，谁对听谁，数据说话；所谓传奇，则是指做任何事情都追求极致，不满足于只是将事情做完，而是要求自己将其做到完美。正是在这个简单而深刻的文化氛围中，赶集人亲密无间，合作有致，经历这一个又一个的风浪，却始终遨游顺畅。

在 2010 年的时候，赶集网主站业务平台和环境已经初步搭建完毕，项目流程和工作过程也基本稳定。我总不愿意重复做相同的事情，而我对互联网的运营管理过程又知之不详。于是，有一个机会，我将自己的重心调整到了运营管理平台的研发管理上来。做互联网前端的时候，追求的是速度、效率以及体验。在负责运营管理平台的时候，就看到了互联网另外一面的景象。由于快速迭代和需求的不稳定，商业产品规划时间很短，销售、市场以及产品对同一个商品的定义各不相同，价格、售卖策略也没有统一得定义和维护。因此，在运营的产品方向需要极强的抽象能力，将各个商业产品的共性提出，售卖和审批过程逐步提炼，形成一套整体解决办法，让市场、销售、客服以及财务过程都能在统一的系统中来进行工作。

在这个过程中，需要与很多部门打交道，商业产品与用户产品的平衡，业务需求与响应速度的平衡，财务准则与销售利益之间的平衡。这些事情都需要极多的沟通和合作，将每个参与者都视为合作伙伴，思考他的利益和痛点。所谓沟通，不外乎易地而处，将心比心。

谈谈创业

近几年，中国的创业环境开始好转，融资环境也有显著改善。身边不少朋友，即将或者已经去做了一些创业的事情，例如互联网金融、二手车、比特币、生活服务 O2O、移动社交网络等。也有不少的朋友打听创业的经验，说实话，我创业经验很少，找朋友聊聊，记录一些点滴，如果能够帮助到大家就更好。

有很多人说，目前中国拥有世界上最好的创业时机和创业地点。有个不成文的规则：当你看到有中国的互联网企业上市了，很可能一个较好的融资环境就要来了，选择这个时候开始融资会稍微容易一些。这时候资本市场会相对活跃，中国的启动项目也比较容易受到关注。当然，融资环境只是创业的外部因素，更多要考虑的是创业团队、创业方向以及商业计划的自身因素。

创业的过程，我觉得是需要在每个环节都精益求精，努力做得好一些，再好一些，更好一些。大量的环节都能做得比别人好一些，优势就会很明显了，刚才提到的创业时机的选择，也只是众多环节中的一环，别仅仅盯着这一环。

在创业阶段往往遇到的第一个问题是，如何选择我的创业方向？有一个比较简单的办法，就是在确定创业方向之前，可以问自己几个这样的问题。这个需求是否真实存在？用户人群大概是什么规模？这些人的特质是什么，能否长期留存？我提供的解决方案是否满足他们的需求，有什么独特性？市场上的潜在竞争对手有哪些？为什么大公司没有来进军这个市场？如果大公司来进军，我有什么门槛？

创业方向也有一定的偶然性，刚开始确定的方向未必会是最后成功的方向。但是，创业需要坚持，不要轻易改变自己的目标。

关于创业团队的构成，有人说最佳的创业团队是 3 个核心人员，各自负责一个方向。但其实没有绝对，要根据创业者实际情况来定。一般来说，三个人的创业团队会比较稳定，对意见统一，决策投票以及业务平衡都比较有利。

创业合伙人的互补性非常重要，每个人思考一个重点方向并各司其责。大家在职责上业务管控上各自有自己的侧重点。同时，对于不擅长的点也能够相互补充。技术产品、市场、销售三足鼎立的团队组合，在互联网创业团队中相对比较常见。

当然，无论是多少个人的创业团队，必须有一个能够服众、有领导力、有充分话语权的人来充当 CEO。代替其他创业者进行拍板决策，便于在重大决策方面能够高效推进和决策。

人员的招聘和留存

创业时，往往还会遇到一个比较大的问题就是人才的招聘和留存。尤其是初创阶段的平台很难给出非常有诱惑力的薪资，要去与 BAT 去竞争，难度很大。往往在招聘了一个不错的苗子，培养了 1—2 年以后，却跳到了大公司去“镀金”。因此这时候如何招人、留人往往会成为创业者需要考虑的问题。适当的期权激励，对创业的热情和领导的关怀，会是一个极其有效的参考。

应届或者校招进入公司以后，这只是第一步。还需要持续不断地从公司发展、目标认同感、公司文化以及发展规划等多方面去持续不断地关怀员工。让员工对团队有认同、有依赖、有团队自豪和自尊。这样，就算员工想要离开团队，也会觉得有愧于公司的栽培，从情感上面自觉有愧。

当然，很多时候其实你不需要和 BAT 进行人才竞争，你要和自己的精神、诚意、信念竞争。总有人才不在 BAT，这些人也有梦想、也有能力，就看是否能够为我所用。

技术在创业初期也是很重要的

在不同的创业团队里面组合和配置都不一样，但是在初期，产品创意和点子是吸引用户来使用产品的主要手段。而用户对网站的印象，会决定用户是否留存。这其中就包括了对网站的性能、功能使用等技术方面的考虑点。

此外，技术创业的时候，有核心技术能够有效提高业务门槛，防止竞争对手快速模仿而失去市场优势。比如推荐算法、语音识别、意图识别以及机器挖掘等方面的核心技术还是非常重要的。

初创阶段，可能方向不是非常明确，市场环境又要求短、平、快地出结果，对技术团队的要求会非常高。在不是非常稳定的架构下需要快速响应，甚至有掉头的可能。技术团队本身的稳定性，核心成员的价值就会体现出来。初创阶段，个人实力会占据很大的地位。举个例子，之前有一块移动图片分享的 App 上线以后，使用了 Cassandra 队列服务，而技术团队对 Cassandra 的性能优化，底层原理并没有掌握得非常到位。于是在大并发来临的时候，整个服务压力极大，最后不得不临时改方案到 MySQL。通过外援在一夜之间完成全部替换，整个团队的压力就非常大。

Q：关于寻找投资人，我有了方向该怎么找对应的投资人呢?

如果合伙人有足够的资本，不建议一上来就找投资人，而应该自己想办法解决种子资金。等到产品有了雏形，在市场上面有一定的用户规模或者商业规模，投资人自然会来找你。当然估值的话语权就在创业者手里了。

如果起步的时候，缺少种子资金，一定要找资方。也建议通过朋友引荐的方式推荐给投资人。现在创业者都不是一个人在创业，都是有体系和圈子的。加入这些圈子，可以了解到很多投资人的风格和习惯。比如酷讯创业圈子、创新工场等都有很多不错的创投基金。

→产品运营和推广←

朋友圈子是一个很好的推荐方式，让你熟悉的人先用起来，口碑传播会非常重要。

此外，目前的新媒体传播方式也很多。啪啪就是主要在微博上面进行推广产生了规模效应。微信朋友圈也可以考虑。整体上来说，口碑传播是非常重要的，要想办法让用户主动去拉用户进人。

产品的自传播功能也很有用。现在用户都有分享意识，喜欢将自己好用的产品或者网站分享给朋友。因此，在产品中设计适当的分享功能，如与 QQ 空间、微信、微博等 SNS 网站集成起来，再结合一些运营点子，让用户主动去拉进来他的朋友一起玩。比如唱吧的思路就非常不错，它甚至没有自己的注册功能，必须使用微信、微博等账户来进行登录系统。

作者简介

单泽兵

现任赶集网高级技术总监，负责赶集主站及运营体系研发管理工作。有十多年技术工作经验，先后在传统软件行业和互联网行业有过较多技术开发和管理经验，经历了技术团队的辉煌和转型，曾带领团队通过联想 CMMI5 认证。毕业于北方交通大学计算机系，对 IT 技术和技术管理有较多经验。

在高速飞行中更换引擎

——浅谈传播行业的变化与蓝色光标的数字化转型

传统的公关和广告已经过时

在过去，产品要吸引人的注意力，要么花钱做广告，要么借助第三方在媒体上做宣传。那时候广告一般是以宣传产品为主要目标的单向消息，需要打断并吸引人们的注意力。然而，随着网络的诞生，单向的打断式营销已经成为过去。新型的网络营销是以交互为核心，当购买者恰好需要某些产品或服务的时候为他们推送这些产品或服务。传统广告对于营销效果很难做出精准的量化评估，而互联网广告凭借数字化的天然基因通过对点击率、二跳率、转化率等量化指标的评估，实现了广告效果评估上质的飞越。

过去的公关只与媒体有关。很多杂志的特约编辑每个月都能收到数百封广告邮件，这些都是公关人员给他写的新闻稿，希望能够帮助搞到他们的各种产品。但是大多数编辑从来没有因为收到这些毫无针对性的广告邮件为哪家公司写过报道。现在编辑大多是通过搜索引擎、微博、微信来检索题材。他们不会等待别人发送新闻稿给自己，而是主动云网上寻找能够引起人们兴趣的话题、产品、人物和公司。

过去公关人员的时间主要花在给记者和编辑写新闻稿或者"搞关系"上。同时，在那个时代，除了花费巨资做广告或者通过媒体做公关外，公司几乎没有任何途径可以把自己的信息传递给外界。然而现在数字化改变了这一现象，无论早先的留言板、论坛、还是现今的微信、微博等媒介，都使得企业可以通过互联网直接和消费者交流。Internet 使得公司开始以消费者为中心，而不是过去的以媒体为中心。

在传统的行业规则中，营销只不过是做广告和塑造品牌，而公关基本上就是和主流媒体打交道。广告和公关是两种独立的活动，由不同的人员来完成，所需技能不同，目标、策略和 KPI 各不相同。但是在数字化的今天，营销和公关之间的分界线已变得非常模糊。例如京东、苏宁和乐视通过在线营销吸引了大批客户；另一方面，小米通过论坛、CEO 雷军微博发布的信息吸引了大量顾客；前者属于营销范畴，而后者属于公关范畴。互联网时代两者区别已经不大了，只要是好的内容，无论什么形式，都能够驱动消费者的行动。

实际上，靠着传统广告和公关获取收入的传统媒体也是江河日下。传统媒体是以旧的大众传播方式定期向社会公众发布信息，如报纸、广播、电视和杂志等。传统传播方式相对于网络，存在着时效性差、受限过多、传播方式单一、无个性、被动接受无反馈等缺陷。事实上，网络时代里媒体通过受众吸引广告这一传统模式的弊端已经暴露。传播载体的高成本导致传播效率降低，甚至出现了发行成本占一半，内容成本却不到 15%的倒挂现象。如果说，过去大众还只能被动接受，现在公众有了效率更高的方式，广告主也可以用更小成本获得大规模受众。无论是百度的定位搜索，还是微博、微信的社群关系，都与广告诉求直接对应，而不再需要传统媒体模糊筛选。

数字时代的传播行业

当今，数字媒体的发展已不再仅是互联网和 IT 行业的事情，而将成为全产业未来发展的驱动力和不可或缺的革命性能量。数字媒体的发展通过影响消费者行为深刻地影响着各个领域的发展。传统行业，如消费业、制造业等都受到来自数字媒体的强烈冲击。

而数字媒体的个性化传播特性决定其传播对象的细分化，甚至开始以家庭和个人为基本单位进行量身定制和传播，这就使得受众的传统概念得到越来越细的划分，能在大众传播的基础上进行更分众化、精确化的传播。从传播内容个性化到传播者推出服务个性化，再到传播受众个性化及传播形式个性化。各种数字媒体形态正在迅速发展，中国这个拥有最大的互联网用户群体的市场也成为国际数字媒体巨头的必争之地。社交媒体、移动互联网、视频网站、大数据、电子商务是数字媒体发展的新方向和主战场。

2013 年 45%的网络公关活动花费都是通过互动代理商来承载，而不是传统公关公司。广告主们也开始权衡传统公关广告公司在数字营销上的专业性。传统的传播行业面临数字化的全面而全新的挑战。

根据传播媒介的变化，大体上中国传播行业迄今的发展经历了以“COM”、“SNS”为标签的两次变革。新浪微博和腾讯微信的诞生，为公关行业以及整个中国社会带来了前所未有的第三次变革。这一次变革不但产生了多种新媒体，最关键的是改变了公关公司的基本商业模式。

在第三次变革之前，虽然媒介有所变化，但公关公司的商业模式都是 B2M（Business to Media），即把甲方想要的信息通过媒体传播、放大，不想要的信息通过媒体对冲、抹平。在这个过程中，媒体渠道和信息效果是可控的。

而社会化媒体，尤其是微博和微信的出现，带来了两个底层的深刻变化——一方面，信息传播渠道开始碎片化，爆料与反对意见无处不在；另一方面，大众跨越了之前存在的四大传播渠道（电视、报纸、杂志和网站），一下子被推到了甲方（或者公关公司）的面前，或者也可以说甲方公司被直接推到了大众面前。

于是，在“与大众零距离”和“媒介碎片化”这两个关键变革发生之后，公关公司自身的业务模式也发生了两种变革趋势。

第一个趋势，是包含内容与渠道的公关产品的变化——从 B2M 到 B2C，公关公司的角色，由本来的媒介代理向自媒体转变。当大众完全开放给自己的时候，公关公司要开始适应公关产品从“传播”到“沟通”的变化。这种变化，意味着公关产品由之前单调的新闻代理，转变为在直面大众的环境下进行多层次、高匹配度的公关产品规划，在大数据的支撑下，采用精确度与主导性越来越强的传播策略。

第二个趋势，还是前面提到的，公关与营销的融合。在逻辑上显而易见，当企业或者公关公司可以将传统四大媒介“短路”而直接与用户沟通的时候，直接向潜在用户营销便成为了必然选择。众所周知，小米手机的微博营销取得了令人瞩目的成绩。而实际上，公关公司也完全可以代理客户的这种销售渠道。

而数字媒体、新型公关与营销的结合造就了数字营销这个方兴未艾的传播行业的新形态。数字营销用数字传播渠道来推广产品和服务，从而以一种及时、相关、定制化和节省成本的方式与消费者进行沟通。数字营销的魅力显而易见。

第一，数字营销赋予了人们更加强大的力量。在网上，人们只需轻松点击便可获知任何想知道的信息。对企业来说，数字世界是向用户宣传自身价值的最佳场所，因为人们都积极地在上面寻找答案；同时数字世界给了消费者话语权，例如小米手机的论坛甚至可以让消费者参与到手机的设计环节当中。

第二，数字营销切中要点。通过大数据分析，数字平台可以帮助公司更好地了解消费者，据此进行定制化的消息推送和产品推荐，使得消费者可以看到他们更加感兴趣和需要的东西。

第三，数字营销因为友好所以有效。在数字平台上，品牌不再是公司，而是一个个独立的个体。这就使得品牌更加容易贴近消费者，成为消费者的朋友。

由于品牌人格的塑造，使得消费者与品牌在感情上更加紧密相连，提升了品牌的忠诚度。

第四，数字营销与社交融合。数字营销让公司与消费者直接沟通，并通过社交网络能在消费者之间激起连锁反应。公司不用费尽千辛万苦地凭一已之力去接触一百万个人，而是可以通过已经培养起来的受众来接触到成几何级数量扩张的广大用户与潜在消费者。

第五，数字营销的及时性和精准性。营销部门只需一个点击，就可以瞬间将自己的产品和服务呈现在几十亿人面前。并且在大数据分析工具的帮助下迅速得出消费者和营销活动在市场上的反馈，营销部门可以据此不断地完善和调整这些营销活动。这些努力和创新又进一步引导公司进行投资决策以及判断用户定位。更为重要的是，它还能帮助营销者最大程度达到广告投放的高效性与精准性。

蓝色光标作为本土起家的公关公司行业佼佼者，正在进行全球化布局，是成立数字营销团队，还是通过收购并购来抢占优先资源？总之，数字化转型不是做不做，而是怎样做的问题。并且，迫在眉睫！

蓝色光标的数字化转型

成立于 1996 年的蓝色光标传播集团，目前是亚洲最大的公关公司。在全球权威公关行业资讯机构 The World PR Report 发布的 2014 全球公关公司排行榜中蓝色光标排名第 16，比 2013 年上升了 3 位。2010 年 2 月 26 日蓝色光标在深交所的创业板上市，在数字化的大潮中，通过不断的收购并购，蓝色光标已经逐渐发展成为包括数字营销、公关、广告、活动管理、国际业务的综合性营销服务传播集团。

作为传播行业的本土级领导品牌之一，虽然蓝色光标数字化收入已经占比公司总收入 50%以上，转型的动作也已经走在了同行的前列，但是转型的道路依然艰辛。作为创业板上市的公司，必须在保持业绩高速增长的同时，既要保证传统业务的稳定，又要大胆探索、尝试新型数字化业务，而许多方向上根本没有任何先例可循。蓝色光标传播集团董事长兼 CEO 赵文权将这场史诗般的变革比喻为在“在高速飞行中更换引擎”——蓝色光标好比一架高速飞行中的飞机，离目的地还远，正飞行在大洋上空，但是我们突然发现我们必须更换发动机才可能到达目的地，而且我们的速度还不能减。听上去这是一个 Mission Impossible，但是我们别无选择。未来 10 年，蓝色光标的两个新引擎即核心战略目标就是数字化和全球化，如果我们能够顺利装好它们，我们将会飞得更远，从而顺利达成 10 年 10 倍增长的第三核心战略目标。

蓝色光标作为行业领头羊，面对新媒体数字时代，一路演变本身就是公关行业几次变革的标本范例。早在 2005 年蓝色光标就成立了“社会化营销部”，那时只是蓝色光标在博客与 BBS 时代的一个布局棋子。2008 年，开心网和人人网的兴起，成为了公关行业与营销行业融合的第一个契机，“社会化营销部”也因此改名为“互动营销部”。2010 年，新浪微博横空出世，公关与营销融合的势头已经非常明显，“社会化营销部”遂改名为“数字营销部”。时至 2012 年，微博营销和微信公众帐号已然使得两个行业融合的趋势无法阻挡。于是，2013 年 10 月，蓝色光标传播集团旗下蓝色光标公共关系机构正式更名为蓝色光标数字营销机构(简称蓝标数字,英文名 BlueDigital)。新的蓝色光标数字营销机构整合传统公关和数字营销的能力和资源,形成从消费者洞察到内容创意、全渠道应用和企业销售促进解决方案提供的全产业链服务体系。

在转型的过程中蓝色光标集结广大员工的努力和智慧，创造了不少经典的成功案例。比如，联想的“乐疯跑”通过乐疯跑 App 结合北京马拉松长跑比赛进行数字整合营销推广。用户通过卫星地图来实时追踪跑者位置和现场照片，并可点击投票。赛道沿线 GPS 捕捉跑者微博，整合微博直播界面，用户分享比赛感受。VIP 跑者和专业媒体人员给予了这个 App 高度评价。截止到 2013 年年初，乐疯跑 App 下载量超过百万。

九阳面条机是蓝色光标众多经典案例中的经典。九阳是一家专注于豆浆机领域并积极开拓厨房小家电的现代化企业，2013 年 7 月，计划推出首款面条机，并在天猫旗舰店首发。蓝色光标的数字营销团队通过创新的策略和执行，逐步协助九阳达到营销目标。首先，通过目标受众洞察分析出目标受众的关注点及典型特征，再通过精准互动找到有影响力的关键意见领袖，让他们的微博成为我们的营销平台。然后，邀请 50 位关键意见领袖为面条机代言，从各个维度展示面条机的应用，引发目标群体的兴趣。接着，借助活动引导目标群体将面条机的信息转出去，形成主动搜索行为。而后，大数据团队通过数据分析，寻找潜在消费者群体，通过精准回复告知面条机的首发信息，从而转化销售。最后，通过购买者再度分享购买体验从而促进其他受众购买，进一步转化销售。这场经典的数字化营销案例的效果是：新浪微博为天猫旗舰店引流 25835 人，三天内成交 8920 个订单，其中 4241 个来自新浪微博，直接访问销售转化率达 18.24%，九阳仓库一度断货！九阳在这个项目上投入不到 10 万成本(包括试用产品费用)，产出 300 万的销售额！

当然，蓝色光标在数字化转型的过程中也遇到了各种困难和问题。首先，是数字化营销人才不足：蓝标许多员工的知识结构和技能还停留在传统的公关广告时代，而现代数字化营销要求从业人员具有营销、数据分析、文字文案、懂得新型社交网络媒体等跨界知识体系和技能。解决问题的方法一方面是引入具有丰富数字营销经验的人才，另一方面是加强对员工在课堂和实际数字营销工作中的培训与实际技能的积累。其次，由于传统公关行业的特性所决定，蓝标在历史上一直是人力密集型的服务企业，组织层面较为欠缺技术基因尤其是互联网的技术基因，例如大数据、DSP 广告平台、电商等技术经验的积累。要应对这个问题，一方面从全球范围内引进高端人才在集团层面建立相关的大数据分析平台、DSP 广告平台；同时，在全球范围内寻求在相关技术领域具有领先优势的公司进行收购；

最后也是最关键的，还是人员的转型意识，转型毕竟最终还是要靠人、靠公司上下全员努力来完成，要让全集团各层面、各分子公司都具有明确的、坚定的转型意识和彻底的执行力，最终胜利完成转型绝对不是一朝一夕的工夫。这里面会有不解，有困惑，甚至抱怨。但是，只有顺应时代的发展，才能迎来公司进一步的繁荣。蓝标集团管理层将数字化转型作为蓝标第一战略主张，从经营投资决策、年度战略分解到各分子公司、各部门的 KPI 设定，再到业务研讨、员工沟通、员工教育培训都始终贯彻数字化转型这一战略主线。

蓝色光标的数字化策略定位为：基于数据的消费者洞察为基础，以内容为核心，全渠道传播，直指营销结果。蓝色光标不会去争论是服务模式还是产品模式，不会拘泥于广告、公关、活动，一切以给客户带来真正的价值为核心。只要服务能力在提升，客户满意度和依赖度在不断提高，那就是正确的方向！数字化和全球化是蓝色光标的两个翅膀，转型、并购、协同和激励是蓝色光标的 4 大引擎，能不能完成在高速飞行中更换发动机的任务，一切都在蓝标人自己！

作者简介

武威

近 20 年的 IT 从业经验，做过程序员，写过编译器。长期从事企业信息化管理工作。现为蓝色光标传播集团集团首席信息官。全面负责蓝色光标传播集团的信息化建设与运维管理工作。毕业于浙江大学计算机系，获得北大国际 MBA 硕士学位。

在新一轮产业革命中熠熠生辉

中国人自古就有修书的悠久传统，依靠一篇篇方块字码成的文章，我们的文化以世界罕见的完整性绵延传承。即使如此，当此次北大 CIO 班的同学提出要集体写一本关于中国互联网产业发展的书的时候，我还是有些吃惊。在这个班里，我算是老大哥——大家清一色是 30 出头的小伙。30 出头就有与社会分享思想的意识，足见这些小伙子的勇敢与自信。我是 CIO 领域内的外行，班里为数不多的非 IT 专业人员，既然年轻人都勇敢拿起键盘挥斥方遒，我岂敢不奉命向大家汇报一下我的想法呢？

我读国史，很多学问大家说 20 世纪民国时，中国面临“五千年亘古未见”的大变革。然而，近几年，我越来越感觉到，中国从 2010 年以后的未来 50 年间发生的变化，其深度、广度将超过 100 年以前的民国时期。无论是从社会形态上，还是从人民的生活方式上，可以说，我们正处在一次前所未有的、对地球上每个人、每个国家影响都很深远的新一轮产业革命过程中。我谈谈如下几个方面，与大家探讨。

能源革命正在发生。人类有可能在未来 50 年内，形成以可再生能源为主的一种新的能源结构，并在未来 100 年内，彻底告别化石能源。

近年来，在太阳能、风能领域内的技术创新眼花缭乱，原来每度电两三元的发电成本，现在风能已经降到了 0.7 元，光伏太阳能已经降到了 1 元以内，这真是不可想象的速度。尤其是薄膜太阳能技术，只是在玻璃、塑料等物体表面涂上薄薄一层复合物质，就可以实现 15%左右的光电转换效率，而且在弱光状态也可以发电。据说实验室里已经达到了 25% 的水平。如果这个转换效率能商业化，小型飞机依赖太阳能，就可以自由翱翔，多数家庭用电依赖太阳能将基本自足。

太阳是万物之源，人类直接利用太阳能效率的提高，必然带领人类进入不再使用煤炭、石油、天然气等化石能源的时期，告别温室气体的排放。考虑到地球人口的增长潜力以及全球平均生产生活水平的提高，这也许是解决人类能源问题的唯一出路。有人说，从人类历史发展的长河来看，抛开之前长达万年的柴薪时代不算，我们使用煤炭等化石能源的历史只有 300 年，未来的后代们在命名我们这个时代时，也许会说：哦，那是个化石能源的时期，人类糟糕地污染了环境；还好，那都过去啦！

智能制造在颠覆几乎所有传统工业产业。新材料技术与超级计算机、4G 互联网相结合，我们的制造业正在发生深刻的变化。还在按照图纸生产功能单一的产品吗？还在用大量的工厂、工人生产标准化的产品吗？你 OUT 了！在智能制造时代，任何直接使用的机器功能，都将实现融合化、信息化、商业化、个性化——“新四化”。这说起来有些玄乎，我们以电冰箱为例。未来的电冰箱，将是一个智能存储食品的超级终端，“他”会告诉你哪个区里放什么食品，哪种食品采购多少符合你的健康要求，哪种食品的安全检疫不合格——通过条码可得出每个食品的整个生长链，甚至可以根据你的指令直接向厂家发出采购要求。看出来了吧，新四化名不虚传。

而且，电冰箱的制造，也不是现在流水线模式的。3D 打印技术的成熟，让每台电冰箱都可以个性化地成为你家的一个有机成员——尺寸、颜色、功能，完全菜单化生产。更可怕的是，有的专家预测，未来电冰箱可能是赠送品，商家靠电冰箱提供的信息链的服务盈利。可以说，智能制造将完全颠覆现在的产品模式和商业模式。至于其他汽车、电视（现在还有单纯的电视吗？）等，莫不如此。

4G 时代将颠覆现有的互联网。在 CIO 班里说 4G，有班门弄斧之嫌疑。然而，既然是畅想未来，不妨张开想象的翅膀尽情翱翔。我们以媒体为例吧。现代社会最强势的媒体，无疑是电视台。据说中国央视的广告收入比所有平面媒体收入加起来的总和都多。但是，你可以想象未来每个手机都是个摄像机，任何突发事件发生时，无数个现场直播在进行吗？那时，人们获取信息的渠道，将是高度定制的个性信息，主要通过移动终端进行。据说未来有一种可以折叠的屏幕，那时 PC 和移动终端将融为一体。可以说，在 4G 时代，人们对专业信息机构的需求在显著减少。专业的新闻机构，主要业务将是为特定对象进行信息的“二次加工”。而且，在 4G 时代新闻信息内容的事前监管将更困难，对信息立法的要求更加迫切。这一切，你准备好了吗？

信息领域只是 4G 应用的一斑。实际上，在交通、能源、制造、家居生活等各个领域，由于信息带宽的无限化，将导致生存方式的根本性变化。以安全为例，未来社会可能建立社会信用库。你和人打交道时，人家往你脸上一扫，你的过去就出现在他手机上。谁还敢为非作歹？所以，有人说人类将进化到一个新的高度，有一定道理吧。

随着上述领域的深刻变化，以往我们科幻电影里看到的很多场景，将成为现实。这对我们的社会管理，也将带来深刻地影响。这将是一个人人都可以发表（合法的）见解的年代，是绝大多数事都难有“隐私”的年代，是人与自己、与他人、与政府的关系重新衡量、重新理清的年代。

新一轮产业革命汹涌澎湃，未来美好世界正向我们频频招手。但是，不少朋友会说：产业革命是“土豪”们的事情。我们又不是官二代，又不是富二代，屌丝一枚，新世界与我何干？

这样的想法就错了。其实，新的产业革命时代对社会影响的很重要的一个方面，就是重新划定资源分配的游戏规则。我们知道：在封建社会，社会资源的分配是权力（贵族）说了算；在资本主义社会，社会资源的分配是资本说了算；而在信息社会，社会资本的分配是“智慧”说了算。

在这个时期，有钱并不最牛，资本家必须和管理专家和技术专家分享资源分配。因为管理专家可以创新商业模式，技术专家代表着企业核心竞争力。可以说，由于企业专业知识越来越复杂，为了避免“内部人控制”，资本家除了选择与“智本家”分享资源分配外，别无他路。从这个角度说，过去的金融、石油、制造等领域内百年老店中的相当一部分，有可能在未来的某个时期灰飞烟灭，取而代之的新的产业模式。实际上，当年微软帝国兴起时，很多人感叹：天哪，这一定是神创造出来的产品。而到现在不到 30 年，微软帝国的统治地位已经日薄西山。这就是智慧对资源分配起决定作用的典型案例。

因此，屌丝朋友们，不要气馁。CIO 班的小伙子们大都已经成功“逆袭”，成为带项目、领队伍的一方诸侯，你们更可以积累智慧，凭本事吃饭，获得社会的尊重。

同时，我们还要对 CIO 班的兄弟们说：你们不但具有良好的技术根底，还具有很好的职业操守与社会交往能力。让我们一起把握社会发展方向，就算是一个石子儿，也要在自己独特的位置上，在新一轮产业革命中熠熠生辉。只有这样，20 年后我们也许可以拿着我们这本书，对我们的后代说：小子，你看窗外的天是蓝的，村口的水是清的，中国人走遍全球是有地位的；你老子已经努力了，孩子，该你了！

作者简介

林玉

林玉，男，1971 年生于河南省巩义。1994 年毕业于北京商学院市场营销专业，1994 年至 2008 年任新华社经济参考报记者、主任记者。2009 年任经济参考报咨询策划（重大活动）部主任，2012 年起任经济参考报品牌运营部主任、新媒体营销总监。多次获得全国记协、新华社及经济参考报的各种奖励。策划并运营了多项新华社及经济参考报重大社会活动。

进化

Evolution

找对象绝对是一项技术活

在中国，有一个有着上千年历史的职业就是做媒，在民间，把从事这个职业的人叫“媒人”或“红娘”。随着时代的进步，如今这个有着悠久历史的职业已经被最先进的科学技术彻底革新。在北京这样繁华的一线城市里，出现了一批人，正在利用互联网和心理学技术做着21世纪的现代红娘，他们每天为帮助适龄单身男女成就幸福婚姻忙碌着，我们称他们为爱情顾问。在这里以“技术男”为代表，看看爱情顾问是如何帮助他们找到爱情的？

技术男面临的感情窘境

“技术男”一般是指那些理工科背景，智商很高，思维跳跃、理性，工作勤奋努力，执着于技术，拙于表达，生活方面要求较低，不修边幅，言谈举止不拘小节的男士。俗话说，“男人不坏，女人不爱”，这里的“坏”，不是指道德品行方面不端，而是指在生活方面富有情趣，幽默、浪漫，能给女人带来惊喜，给生活增添新意。而这些恰恰是技术男的短板，所以他们不太会招女孩儿的喜欢。要么不知道什么样的女孩儿适合自己，找女友像编程序一样，追求完美，缺乏弹性；要么遇见喜欢的女孩不知该怎样追求，总是被一些“细节”打败；即便开始一段感情也不知道该维持和经营，最终总是不了了之……因此，感情问题成为很多单身技术男们难以攻克的程序，不得不面对来自亲人朋友们的逼婚压力。

高效择偶前先定位自己的婚恋坐标，然后要澄清恋人图像

严华做爱情顾问有五年多的时间了，接触过很多“技术男”，因此总结出一些帮助他们寻找爱情的经验。王磊是一位客户，29 岁，身高 178cm，北京人，未婚，名校毕业，父母都是工程师。三年前，和朋友合伙开了公司，他主抓技术，朋友主管市场，如今公司发展得很迅速，当然他也靠自己的能力买房买车，只是因为工作很忙，再加上不善言谈，至今还没有谈过一次恋爱。谈到择偶要求时，从来没有恋爱经验的王磊倒是很有想法。第一，女孩儿要漂亮，喜欢大眼睛、瓜子脸、身材高挑的，不是这种类型的不必推荐；第二，年龄最好是 23、24 岁，因为这样的女孩单纯，简单；第三，最好是学过艺术的，气质会比较好。

通过面谈，严华要初步分析摆在王磊爱情道路上的障碍。第一，与很多技术男的表现类似，王磊不善于言谈，与陌生异性交流时会紧张，聊工作较多，且都是专业术语，会让听不懂的人感到无趣。第二，在严华看来，王磊的择偶要求只关注女孩的年龄和外形，显然有些理想化，他还意识不到要找个人恋爱结婚，除了外形还需要考虑哪些问题。但是凭借自己多年的工作经验，严华知道在刚开始接触时不适宜调整客户的择偶要求，如果客户不认为自己的要求有问题，反而会破坏两人之间的信任关系。严华准备先尽量按照王磊的要求去筛选并推荐符合要求的女孩儿，再将女孩儿的反馈传递给王磊，希望能促进他的改变。如果目标群定位得不够准确，即使聊得再好也很

难走进婚姻。当然，对于毫无恋爱经验的王磊来说，对爱情充满幻想是可以理解的。更何况作为男士，王磊在同龄人里也“财力”雄厚，北京人，名校毕业，家境也不错，聪明上进，逻辑性强，做事认真，工作努力踏实，生活方面比较简单，可以给很多女孩儿带来安全感。

在接下来的三个月里，严华按照王磊的要求发了几十份女孩儿的资料给他，他大多以眼睛不够大、个子不够高、身材不够好、没有气质等理由不满意，见了不到十个女孩儿，只有一两个是他比较满意的，但不论他满意与否，所有女孩儿见过王磊后，都纷纷表示“没感觉，不想接触了”。

于是，严华扩大了筛选范围，将目光锁定在那些25—28岁的，家境一般，或是外地来京的，长相中等或以上且偏爱技术男的女孩儿。很快一个叫刘珊的女孩引起了严华的注意，26岁，河北女孩，大学毕业后来北京工作，目前在一家律师事务所做助理工作。父母在老家做点小生意，没有什么经济压力，有个弟弟已经成家。进一步沟通后，严华感到这个女孩比同龄女孩成熟一些，而且言谈中透露出比较偏爱技术型的男孩，觉得这样的男士踏实可靠。严华心里暗喜，女孩虽然相貌不是特别漂亮，但是很耐看，尤其是在谈话中更能感受她身上宽容、善解人意的女性魅力。与王磊相反，刘珊平时的工作就是和各种人打交道，性格开朗外向有活力。严华觉得这个女孩儿除了长相上不属于“第一眼美女”外，其他方面都非常适合王磊，会是特别好的“贤内助”，她能想象到如果这两个人结合在一起，将会是“1+1>2”的效果。

第一次见面后，女孩儿对王磊比较满意，王磊对女孩儿没什么感觉，但愿意进一步了解。接下来的相处中，刘珊眼中的王磊非常优秀，尤其工作时更加有魅力，踏实上进，所以特别欣赏他。王磊眼中的刘珊热情主动，不知道为什么和她在一起非常放松、愉悦，不用小心翼翼，也不用花尽心思找话题，讨欢心。当然，很快就确立了恋爱关系。王磊告诉严华，“看来找对象前得先找准自己的婚恋坐标，评估优劣势，然后找准目标群，目标群定位准确后，我只需要把我的优势做到更好就可以了，对方会因为我的优点而接纳我的缺点，而不是把关注点放到缺点上，每天委曲求全的做自己不擅长的事。女孩儿的外形固然重要，但不能把所有的注意力都放在外型上，这样会失去了解性格、脾气等其他方面的机会。”

与心爱的女孩儿交往时要把握需求，突出优势，投其所好

张强今年 37 岁，同样是位典型的技术男。严华与他接触期间发现他只要能网上聊的时候，绝不电话联系，能在电话里说的，绝不见面，严华明白，很多像张强这样不擅长和人打交道的人都习惯采用回避的策略，而网络沟通能让他们有更多的时间思考，可以表现自如。而且他们在网上交流的语言和见面讲话完全不同，感觉像是两个人。离异原因是他不能给前妻想要的生活，和他生活在一起不快乐，所以选择分开。除了工作，张强每周都去游泳两到三次。同时他喜欢历史，周末喜欢逛博物馆，对北京大大小小的博物馆都很了解，去国外旅游也主要逛博物馆。前妻对他的爱好毫无兴趣，甚至对他总去博物馆意见很大。毕竟有过一次婚姻经历，张强更看重女孩子对婚姻生活的期望，对年龄和婚姻状况的要求比较宽泛。

严华按要求给他推荐几位女孩儿，都没有成功，女孩儿觉得他太闷，话太少。而且张强以为女孩儿都和不喜欢历史，更不会喜欢博物馆，所以相亲时从不说自己的爱好。除了工作和游泳，其余也不知道该聊什么。严华知道其实很多女孩儿喜欢有文化底蕴的男士，还有一些女孩儿喜欢男士除了工作有自己持续追求的爱好，说明他热爱生活。林雨就是这样的女孩儿，32 岁，未婚，企业高管，经济独立，喜欢有文化底蕴或在某方面让自己欣赏的男人，性格上要乐观上进，热爱生活。两人见面前，严华告诉张强林雨喜欢男士有自己的爱好，但张强基于前妻的教训，还是没敢讲自己的爱好。后面的每次见面张强也都是约女孩吃饭、看电影，

送她回家，每次都很少讲话。几次之后，严华担心张强把两人的交往变得像例行公事，每周固定时间，固定的事情，完全靠爱情顾问的催促在维系关系，这样下去肯定不会有结果。所以让张强多了解林雨的需求，想过什么样的生活，根据林雨的核心需求有针对性的突出自己的优势，投其所好，与其这样等着结束，还不如做点什么。张强听从了严华的意见，把女孩儿约到了博物馆，逛博物馆时他比导游了解得都多，耐心的给林雨讲解每件东西，有什么故事等，这让林雨对他刮目相看。有了林雨的肯定，张强也多了些信心，给林雨讲述自己事业上的奋斗史，曾经遇到过哪些困难，都是如何挺过来的，失败的婚姻经历又让他发现作为丈夫自己哪些做得不够好等，这些表现都让林雨异常兴奋，自然也会更加珍惜两人的关系。

技术男们有属于他们特有的浪漫，并且更让人踏实、安全

严华对为技术男们寻找伴侣充满信心不仅仅来自她的专业知识和多年的工作经验，她自己的丈夫也是位典型的技术男，这给她服务技术男带来了有利的直接经验。严华自己是个性格活泼外向、乐于助人、对生活充满热情的人。而丈夫的性格内向、寡言少语，专注于自己的专业领域。每当朋友聚会时，不论多么熟悉的朋友，丈夫都很少讲话，除非聊到他的专业领域才会发言。丈夫也不算是个有情趣的人，简单、规律得有些程序化，很多时候严华觉得他的生活不需要任何人。两人吵架时总想分出对错，即便认识到自己的错误，哄老婆时也只有“对不起，我错了，下次我改”这几个字，翻来覆去的重复。但在严华看来，近十年的婚姻生活，她觉得丈夫的优点远远多于缺点。尽管他不会花言巧语，但他更擅长把爱表达在行动上，比如承担大部分家务、顾家、孝顺父母等。他聪明，反应快，讲道理，只要你是有道理的，他愿意改变自己，而且多数时候，只要不碰触原则问题，他都愿意顺着严华。同时，作为丈夫，他工作

踏实努力，收入也不错，生活圈子非常简单，除了每周固定的打球、游泳外，没有什么其他消费。而且从不干预严华的花销，只要是妻子喜欢的，他都支持妻子买，总是说“你喜欢就好，你开心就好。”当严华遇到困难和委屈时，尽管他不能在言语上给予有效的安慰，但他会一直陪在身边，告诉妻子“没事儿，有老公在”。

严华觉得类似于自己丈夫这样的技术男，刚开始相处时的确让很多对爱情充满幻想的女孩儿难以接受，比起爱情偶像剧里白马王子们的浪漫攻势，丈夫另类的宠爱、体贴、安全和踏实，应该算是更实际的浪漫吧。既然自己能体会他们不一样的浪漫方式，她坚信有很多和自己类似的女孩儿，清楚自己想要什么样的伴侣，想过什么样的婚姻生活。只要找到和自己择偶要求类似的女孩儿就可以解决技术男们的择偶问题。

找对象是个需要高情商的技术活

每当有客户恋爱、结婚的时候，都是爱情顾问们最开心的时候。这份工作之所以会给人带来强烈的成就感和幸福感，就是因为它是一份帮助别人成就幸福的职业，在这个过程中，作为专业的爱情顾问，不仅会跟他们的服务对象同欢喜，更会用自己的专业精神和经验给那些婚恋中迷茫、困顿，甚至痛苦的人们排忧解惑，引领他们发挥出自己的优势，看到自己的不足，找到真正适合自己的另一半。当然，看到会员们在寻爱的路上遇到的各种挫折和困难，不仅让爱情顾问们在经营自己的婚姻时提高警惕，还能尽量避免其他类似的会员不再走同样的弯路，所以这份助人寻爱的职业也助己守爱，是一份需要高情商的技术活。

作者简介

张维作

百合网高级副总裁。1997 年大学毕业后进入海尔集团，在海尔集团服务体系里面摸爬滚打了 10 年，直至 2007 年从海尔全国客服中心总经理的岗位上离职，加入百合网。在百合网组建了最为专业和诚信的爱情顾问团队，为单身的朋友提供面对面的专业爱情咨询和服务。

进化

Evolution

第四部分

▸▸▶ 番外篇

Evolution

进化

Evolution

创业路上的三重门

创业路上走了近一年，虽然还远远比不上那些久经沙场的创业老兵，但也是实打实地碰到了很多原来没有想到的状况和境遇，所以期望能写一点干货出来，供那些正摩拳擦掌、跃跃欲试的朋友们参考。

第一重门：方向

男怕入错行，女怕嫁错郎，创业最怕的也是在一条错误的路上走太远。雷军提过的“风口上的猪”这个大家都知道，但是怎么样找到风口？结合着创立贷小秘的过程说说我的观点。

1．需求成长性：BAT之所以能够成就这么大的生意，我认为一个不可忽视的原因在于2000年到2010年十年间中国网民的增长，只要你能卡在这个位置上，都无一例外的会转化成你的用户。赶集和58的业务为什么有市场，原因在于中国城镇化进程。这个进程不减速，来到新城市的用户就会源源不断地产生租房、找工作、找服务的需求。而贷小秘的业务重心是个人消费和个体经营贷款，原因是我们认为这个市场才刚刚开始。“90 后”有着不一样的消费观和事业观，他们更喜欢及时行乐，更愿意把未来的收入拿到现在来花，同时他们比较注重自我的成就感，不再像他们的父辈更加注重工作的稳定性。这些都带来了巨大的个人消费和个体经营的诉求。1990 年出生的用户今年是 24 岁，毕业之后两年，开始进入结婚、买房、创业的年龄，也就意味着“90 后”这一代在今后十年里，会成为个人消费和个体经营贷款的增长动力。

2．大环境：在国内做任何稍有规模的业务都绕不开的一个事情就是政策环境，曾经一家房产网站就被“国八条”和“新国八条”直接拦下，永远不要小瞧这个因素。曾经也有很多投资人问到贷款领域里政策的问题，回答很简单：“拉动内需”和“城镇化”，这两个都是国家的宏观方向；前者需要拉动个人消费，后者需要拉动个体创业，只要这两个基本方向不变化，那么对业务就是一个利好的大环境。

3．玩家：任何业务都无法脱离一个生态链独立存在，即使是生态链的顶层。百度离不开贡献内容的各类网站，淘宝离不开商家，腾讯离不开游戏开发者。这个市场里面的玩家是否足够多、足够成熟，这个决定了你的业务的增速和规模。比如，贷款市场在 2010 年前后的玩家主要有两类：国商行和民间金融。一个相当“高大上”，一个相当不规范，这个市场就不是一个好市场，因为玩家不好。前者没服务意愿，后者没服务能力，但在近两年，随着上面所说的需求和政策的开放，有越来越多的玩家加入到这个行业中，比如股份制银行、外资银行、城商行、日趋规模化的大型小贷公司以及本地小贷公司。玩家的增多促使竞争，而竞争产生差异化，随之则带来用户体验的优化，这样的一个市场才能够产生健康的机会。

4．空间：做之前先算算这个饼有多大，之前有一个备受推崇的观点叫“小而美”，这个在战术层面是对的，不要一上来就想一口吞下一个大饼，但是不能拿这个作为搞一个小圈子、小领域的借口。悲剧不是发现你没有吃到这个饼，而是发现你奋斗了三五年到手的饼只有一个“旺旺雪饼”，那就只能饿死了。选择贷款这个业务，每年增量就是十万亿级，如果能在里面占个10%，就是1万亿，如果能从这里面赚到1%，那就是100亿的营业收入，这个已经不是“饼”，是“切糕”了。类似的“切糕”行业并不少，二手车、本地服务、农业等，这些领域都是很容易拿到钱的，因为每一家投资人都害怕错过一个大机会。

第二重门：储备

工欲善其事，必先利其器。在创业之前有必要的储备很重要。不要想你是从北京开车到广州，一路上有好多服务区。创业更像是进了荒漠，要加好足够的油、带好足够的干粮和水、带上指南针和手电筒、找个能换手的司机。那么，创业里要储备的有什么呢？

→人才←

工作了一段时间的人都会有一定的人脉积累，但从大公司出来创业会有一个普遍的问题就是自己领域的人才不缺（实在缺自己也可以顶一顶），但是目前已经很少有一招鲜的创业机会了。很多情况下比拼的都是一个团队的综合素质，从产品到研发，从运营到营销，广泛地积攒不同领域的人脉，是你在创业前半年要花精力准备的。尽量在你每个可能的岗位上都能列出5个候选人。

→经验←

同样，作为创业者不同于打工仔，特别是作为一个公司的管理者，通常需要你对各个领域都要有所涉猎。你不一定要知道做SEO的一些细节，如怎么设计页面架构，怎么去做meta信息，怎么去搞到蜘蛛。那些事情应该交给上面积累的人才来帮你解决，但是你必须了解SEO里面主要思路和核心指标、SEO可以解决的问题和局限性。不仅仅是业务层面，在财务层面、在公司运营必需的一些环节上、甚至在人事相关的法律问题上，多与你身边这方面的专家聊一聊，他们在之前公司里可能并不起眼，但是你不知道他们已经帮你避免了多少潜在的隐患以及已经爆发的危机，现在轮到你自己来解决这些问题了。

→个人品牌←

大部分人在创业前都没有这种意识，或者不屑于做，但这往往会成为一个创业公司冷启动的一个非常重要的动力来源。所以趁着你还能用你大公司里有着华丽头衔的名片，没事多发发微博，尽早的去结识一些圈子内的人脉，参加一些论坛或者活动，积极响应一些来自 PR 部门的需求。至少保证你潜在的合作伙伴、投资人或者员工在百度搜你的名字的时候，出现的不会都是一个跟你重名的某娱乐明星或者新闻人物。

→钱←

不是说要用你自己的钱去创业，实际上我觉得这个做法特别不适合第一次创业，最大的原因是花自己的钱时手会有点抖，会产生技术变形。但是你还是要做好资金的储备，因为基本上从创业的第一天起，你就从家里的生产力变成了失业人口，象征性的一点工资基本上都用在雇员喝的咖啡上。所以如果你最好留出 1—2 年的生活基本开销，至少不至于发生紧张到要卖车押房这种比较影响生活质量和家庭和睦的局面。

第三重门：心态

创业很艰苦，这是每个人创业之前都有的心理准备，但是知易行难，实际的情况可能比你能想到的更糟糕 10 倍。

→承受困难←

先试着想象一下下面的情景。

- 按照电话号码表打 100 个电话（对，就是人人喊打的广告电话），然后有 50 个没有人接，30 个直接挂断，15 个骂你一顿，4 个打断你告诉你不需要，然后把你的号码举报，就剩下 1 个——是你的同行。
- 出差在外地吃完了饭，然后发现没有带钱包，手机恰好没有电了，店老板的方言你听不懂。
- 失恋。

然后，再想象一下每天都要碰到一遍上述的事情，每周七天无休。这也许有些危言耸听，但创业路上不如意十之八九，这句话并不夸张。你会发现，你碰到的十件事里面有九件事是烂事，跟你之前一帆风顺的求学生涯、职业生涯完全不是一个比例，这种情况下，你是否能笑着说“Cool！还有一两件事是好事呢！”

→承受压力←

除了不断的失败感，创业中存在的另一问题是成功的不可知。真正的创业绝对不会像美国大片一样都会在 2 个小时的时间内邪不胜正、苦尽甘来。关于你正在走的路，你的投资人会质疑你，你的竞争对手会否定你，你的员工会偷偷看别的机会，你的家人会不停地担心，你那些在大公司里百万年薪的老同事会发朋友圈……当然最大的质疑还是来自于你自己，究竟自己是不是干了一件傻事情？我的投资人有一句非常客观的话：“创业者都是孤独的”，能否忍受这种孤独决定了你能够在这条路上走多远。

→自我反思←

有位朋友说过一个观点：在互联网领域创业，只要能坚持住，别太笨，别太轴，基本都能有所收获。这里面笨的可能性一般不大，更有可能出现轴的问题。在一条不靠谱的路上走到死。创业过程中常常会出现自己给自己洗脑了的情况，给投资人、给合作伙伴、给想挖的人才讲着讲着自己就信了，特别是在战术层面，一定不能执着于之前的思路。为了偷懒、为了面子、为了证明自己的正确而产生的坚持都是要流氓。应该牢记创业中唯一不变的就是变化，换个角度而言，在创业的初期，如果你做了半年发现和最开始要做的东西是一样的，你就要非常小心自己是不是“轴”了。

创业并不适合每个人，但如果你不尝试，就永远不知道它适不适合你。

作者简介

焦可

贷小秘创始人、CEO。在创建贷小秘之前，焦可曾于 2005 年至 2010 年服务于百度，主管 MP3、视频搜索、地图搜索、娱乐频道等产品，以及网页搜索、社区搜索等产品的市场与运营工作，并于 2010 年至 2013 年，先后加入赶集网、马可波罗等知名互联网公司，主管产品运营业务，对产品设计、运营、管理及市场推广有着丰富的经验。焦可毕业于清华大学计算机系，并拥有中国科学院计算所硕士学位。

后记

Your dream is not what you find while you are sleeping

but what makes you can't fall asleep.

所谓的梦想，

不是你睡觉时梦到了什么，

而是想到了什么令你激动得没法睡觉。

这是一枚可以连通你我的二维码，

当你决定和我们一起，在互联网上为梦想奋斗的时候，请打开微信，扫描它。